从受欢迎到被需要

高情商 决定你的社交价值

张萌 著

文化发展出版社
Cultural Development Press

图书在版编目（CIP）数据

从受欢迎到被需要：高情商决定你的社交价值 / 张萌著.—北京：文化发展出版社有限公司，2019.6

ISBN 978-7-5142-2694-2

Ⅰ.①从… Ⅱ.①张… Ⅲ.①情商—通俗读物 Ⅳ.①B842.6-49

中国版本图书馆CIP数据核字（2019）第121186号

从受欢迎到被需要：高情商决定你的社交价值

著　　者：张　萌

责任编辑：侯　铮
特约监制：何　寅
产品经理：李文静　赵　龙
特约编辑：李　岩
封面设计：胡振宇
出版发行：文化发展出版社有限公司（北京市翠微路2号　邮编：100036）
网　　址：www.wenhuafazhan.com
经　　销：各地新华书店
印　　刷：河北鹏润印刷有限公司

开　　本：880mm×1230mm　1/32
字　　数：147千字
印　　张：7.5
印　　次：2019年6月第1版　2019年6月第1次印刷
定　　价：49.80元
Ｉ Ｓ Ｂ Ｎ：978-7-5142-2694-2

　　我看到过很多以介绍和推荐为主的前言，但那不是我喜欢的风格。作为奋斗者的同行者和朋友，我更愿意在这里帮大家弄明白关于高情商的三个关键问题：

高情商到底是什么

　　我就不用其定义来回答了，因为那样并不能对你有太大的帮助。我只能告诉你我眼里的高情商，我所理解的高情商就是高效运用你的情商来解决实际问题，让它为你的目标实现保驾护航。

　　如果你说"好好说话，做一个受欢迎的人"这也算是高情商，我会为你点赞。但是我要告诉你，那只是高情商带来的好结果。如果不能带来价值，助你实现目标，那么你的"好好说话"很可能就会让对方厌烦，因为大家都很忙，没时间听你闲聊；如果不能为自己的奋斗助力，你"受欢迎的人"的人设就会被贴上"好人病"的标签，它的学名叫作"取悦症"，这是病，得治。

修炼高情商很难吗

在我的《高情商领导力》线下课堂上，被问到最多的就是修炼难度的问题。关于这个问题，我只能说，我有一个好答案和一个坏答案，但是我准备先告诉你坏答案：高情商的修炼确实挺难的。因为高情商是要用来跟人打交道的，而这个世界上最难琢磨的就是人心，更何况我们还要通过与人打交道实现目标。虽然我为此准备了不少方法，但是我还是没办法向你解释清楚，就像标注再准确的菜谱都没办法告诉你"少许""若干"到底是多少，这其中的道理是一样的。高情商的修炼，你说难还是不难？

然后我再把好答案告诉你，这个好答案就是，难是一件好事。这件事虽然难，但却很靠谱。这里面的力道确实很难拿捏，我也确实没办法告诉你应该用几分力，而且每次做到恰到好处所需要的力度也不尽相同。但是作为一个过来人，我总能够给你一些实用的建议。不管是用来捅破窗户纸的思维破壁，还是拿来就用的实操方案，我都给你准备了不少。只要你勤于实践，那些我没办法通过文字清晰表达的东西，你通通都能融会贯通，巧妙运用。禅宗有句话，大意是"道不可道，然近道之道不可不道"，道理与此大致相同。高情商很难，难在那些不可言说的分寸拿捏。但是我能给你"近道之道"，于是，你就可以运用之妙，存乎一心了。如此，你还会觉得难吗？当然，这个功夫肯定需要你自己来下。难的另一个好处就是，它能帮你超越绝大多数的竞争对手。高情商者之所以能够卓尔不群，所凭借的就是这个"难"字而已。

修炼高情商就一定会成功吗

关于这个问题，虽然我很想给你一个肯定的答案，但是我不想骗人，哪怕是善意的谎言。我只能告诉你，我的《从受欢迎到被需要：高情商决定你的社交价值》是为那些奋斗者准备的。书里的每一个方法都是为了帮奋斗者解决问题而设计的，书里的故事也都是奋斗者自己的故事。至于那些让人热血沸腾的大佬传奇，不是没有，但是真的很少，而且本书也不打煽情牌，这对习惯于鸡汤思维的人来说，确实不过瘾。

如果你是个奋斗者，我能告诉你的就是，高情商的修炼会成为你强大的助力。让高情商为奋斗者助力，这是我做高情商课程的初心，也是写作本书的终极目标。你需要做的就是尽管拿出奋斗者的狠劲儿，因为这本书就是为你准备的。

我希望每一个奋斗者都能成功，就像我对成功的渴望一样热切。在这一点上，我们是一致的。赢，就是战胜过去的自己！为了实现这个目标，除了你的努力，你还需要修炼这个能够"变现"的高情商。

如果这本书需要一个标签的话，我希望这个标签是：一本硬核情商书。

目录
contents

第七章

让闲聊更有价值

PART 01

第一章

从"受欢迎"到"被需要"，高情商者的关系跃迁术

第一节 01

"受欢迎"还是"被需要",关键看价值

　　小雪是个特别优秀的女孩,在"第二届又忙又美大赛"中有不错的表现。她也是青创客中非常出色的一位,尤其在高情商领导力方面做得很好。但是,事情一开始并不是这样的。

　　小雪是那种让人一见面就放下提防之心的女孩儿,有着圆圆的脸蛋儿,脸上永远带着笑,走起路来带着一阵风,关键是她还非常热心。一次课堂休息时,我发现她在一群陌生人中间聊得火热,于是,我开始关注她。后来我跟她说,在互联网时代,她应该建立自己的创业大会,挑战自己,做一名会长。不得不说,她的执行力非常强。几天时间,她就组建了自己的社

群，而且规模还不小。

当她向我求助的时候，她的话让我感到非常意外，她说："萌姐，我是不是那种情商特别低的人？我是不是人缘很差？"

听得出她话语中那种掩饰不住的挫败感。由于不清楚事情的原委，我没有急于表明态度，而是示意她继续说下去。

"我觉得我的人缘还是不错的，应该是那种比较受欢迎的人。但是为什么在我需要帮助的时候，那些能够帮助我的人却没帮我而去帮助别人？他们不帮我，我并不难过，我难过的是他们明明有能力对我伸以援手但却选择了袖手旁观而去帮助别人。"

她并没有继续讲到底发生了什么，但我明白了她真正想要表达的意思。她的烦恼是：**我明明是一个受欢迎的人，可为什么在需要帮助的时候，朋友们却没帮她而选择帮助别人？**

不得不说，这种情况并不是个例。在回答"为什么"之前，我们先来捋一下它的内在逻辑。但凡有这样困惑的人，他们对高情商的认知都有这样的特点：

1. 那些拥有好人缘或受欢迎的人就是所谓的高情商的人。

2. 因为我是受欢迎的人，所以得到别人的帮助就是理所应当的事情。

所以，我知道小雪这些话不是在抱怨，而是她真的很迷惑。因为现实跟她对高情商的一贯认知之间出现了不可调和的矛盾。她并不是真的怀疑自己的情商，也不是怀疑自己的人缘，**她怀疑的是高**

情商在现实社交当中的价值。她的疑惑其实可以用另一种方式来表达：高情商，在我们的奋斗中到底能不能"变现"？

到底能不能"变现"？答案是，能。在我的《高情商领导力》课程里，有一个非常重要的观点就是：高情商是可以"变现"的，是所有奋斗者不可或缺的重要助力。既然高情商是可以"变现"的，那为什么还会出现小雪那样的困境呢？问题的根本就在于这类人对高情商的认知出现了偏差。要解决这个问题我们首先要升级对高情商概念的认知。升级后，我们对高情商必须有这样的认知：

高情商者会让别人感到很舒服，会受到别人欢迎。但并不是所有让别人感觉舒适的人都是高情商者，还可能是"取悦症"患者。

让别人感觉舒适，并不等于一定会得到别人的帮助。如果别人乐意帮你，你很幸运，那是情分；反之，也无可厚非。

有些人也许会想：要是按照这个逻辑，高情商岂不是更不容易"变现"了吗？为什么还要升级对高情商的认知呢？我们这么做是为了看清高情商"变现"的认知关键词——价值。

在实现对高情商的认知升级后，我们眼里的高情商应该是这样的：高情商者会让别人感觉很舒适，这点很重要。但是比这更重要的是用好自己的价值，促进高情商"变现"。这就是我经常强调的"价值锚点"，是高情商中高维度的价值。只有实现了对高情商的认知升级，理解了"价值锚点"，才能更好地让高情商落地、"变现"，为你的奋斗助力。

于是，在弄明白小雪困境的真正原因后，我对她说："你并不是一个低情商的人，最起码你有好人缘，你身边很多人都喜欢你，这是个不错的开始。你现在烦恼是因为你没有参悟到高情商中的'价值锚点'，而它是让情商'变现'的关键因素。"

那么，为什么有了"价值锚点"的加持，高情商变现就会变得很容易呢？很简单，在人与人交往的过程中，不管建立什么样的关系，都不外乎两个因素：

一是情感因素。就是我们通常所说的舒适感，对方跟你在一起感觉很舒服，就愿意跟你建立某种连接。但是这种连接是偏感性的，同时也是非常松散的。喜欢就多接触，不喜欢就少接触。它的随意性、偶然性很强。

二是价值因素。就是你的某种价值是对方非常需要的，对方想要达成相关目标，就不得不与你建立连接。你自身价值的可替代性越低，对方与你建立连接的必然性和连接的强度就越大。这是一种超强的连接。

高情商变现，其实就是把人缘变成人脉，从而为你的奋斗助力。当你需要帮助时，身边总有几个得力的朋友主动为你"打call"，这也是修炼高情商的目标。在实现这个目标的过程中，好人缘——情感因素是高情商变现的催化剂，而刚需——价值因素才是关键所在，这是高情商"价值锚点"的内在逻辑。

我们用更加直白的话来表述，别人会不会与你建立强联系，更多地是取决于对方是否需要你的价值。而好人缘、受欢迎，则会最大限度地降低这个过程的成本，缩短这一过程的时间。再直白一点儿，如果现在有两个人同时向你寻求帮助，而你只能帮一个。一个是对你来说非常有价值的人，另一个是你感觉很不错的人。你会怎么选？

相信很多人都会选择那个自己需要的人，而给那个感觉很不错的人发"好人卡"。所以，要理解"价值锚点"就一定要明白，"好人卡"不只在恋爱中才有。如果你不具备"价值锚点"思维，即使你真的很受欢迎，在你遇到困难的时候，你收到的也有可能是"好人卡"，而不是实实在在的帮助。

你到底是一个真正的高情商者还是一个自以为是的高情商者？回想一下过往经历，看看你有没有遇到过小雪这样的困境，顺便也看看你身边的那些"社交达人"，如果他们有困难找你帮忙时，你会帮哪一个，又会给哪一个发"好人卡"？

总而言之，"价值锚点"既是高情商变现的关键，也是鉴别高情商的试金石。理解了"价值锚点"，就能帮助你在人际关系里实现从"受欢迎"到"被需要"的跃迁，而"被需要"的价值则是别人无可替代的。因此，要用心使用"价值锚点"。

第二节 02

我是谁，我需要什么，我能提供什么

几乎所有开始接触我的高情商课程的小伙伴，都会被要求做自我介绍。与一般的自我介绍不同的是，我所要求的这个自我介绍不是单向介绍的，而是双向互动的。我把这种方式叫作"三点定位法"，又叫作"社交自画像"。

我会要求他们用几个关键词或者几个简短的句子来介绍自己，然后用这些关键词或短句当中的关键信息为自己画一幅"自画像"，所有新人都要按照这个要求介绍自己。而这，只是个开始。

等新人按照要求介绍完自己后，我会对他身边的人提问。就问：从他的自我介绍中，你捕获到了什么关键信息；这些信息能不能帮助你做出要不要与他建立连接的决定；你准备从哪个方面跟他建立连接。如果我得到的答案是否定的，或者是模糊不清的，那我得要求这位新人重新做一遍自我介绍。规则不变，直到他身边的人给出让人满意的答案为止。

一般来讲，这个过程需要经过三五个回合的修正，才能达到预期的目标。通常情况下都会经历这样的过程：

"大家好，我叫××。我今年×× 岁，来自××，毕业于××，是一名××。"

"大家好，我来自××，毕业于××，是一名××，我平时喜欢××，我能在 ×× 方面为您提供帮助。"

"大家好，我叫××，我是一名××，能够为您提供 ×× 方面的帮助，我喜欢 ××，希望能够在 ×× 方面得到大家的帮助。"

如果是按照第三种方式来做自我介绍，坐在他身边的人就能够通过这些信息快速做出判断。马上就能了解他是个什么样的人？他能够为别人提供什么样的帮助，他需要什么样的帮助，我是不是需要他的帮助，我能不能为他提供帮助，甚至我身边的人有谁需要他的帮助，又有谁能够为他提供帮助。如此一来，你不光能快速决定要不要与他建立连接或者是以什么样的方式进行连接，就连身边有什么样的资源可以让你与他建立连接都能清晰明了。还有比这更加高效的自我介绍方式吗？

让我们来总结一下这个三点定位法：

　　用几个关键词或简短的句子来描述自己，为自己画一幅"自画像"，这幅"自画像"必须能清晰传达出三个关键信息——"我是谁，我能提供什么，我需要什么。"以便使用"价值锚点"思维，在社交网络中找到自我价值的精准定位。

　　需要注意的是，用来画"自画像"的关键词以五个词为好。少于五个，很可能无法保证这三个关键信息被完整输出。比如，"我是谁"这个关键信息就包括两部分，一个是你叫什么，另外一个就是你是做什么的。二者缺一不可，如果缺了叫什么，那将来对方在需要联系你的时候，很可能会因为不知道怎么称呼你而放弃。再比如说"我能提供什么"，这一点也能分作两部分，一个是职业赋予你的，一个是爱好赋予你的。所以，为保证三个关键信息的完整性，画"自画像"的关键词最好不要少于五个，但是也不能过多，过多则会因为无关信息的干扰而弱化三个关键信息的存在感。五个并不是标准数量，却是最常见的，这个标准是要保证三个关键信息的完整和醒目。

　　我一般都会以自我介绍的方式，帮助学生一步步推导出三点定位法，但是它绝不仅仅在做自我介绍时可以用到。与其说这是一个体面的自我介绍方法，倒不如说是一个更加高明的自我价值认知。在这个时代，想要与我们建立连接的外在因素简直太多了，我们从来没有认识过这么多陌生人。同一个地域的，同一个学校的，同一个单位的，同一个线上社群的，有共同兴趣爱好的，喜欢同一品牌的，或者只是简单聊过几句顺便加个微信好友的。在这么多人中，你怎么快速找到你所需要的人？怎么让需要你的人能够在最短的时间内找到你？三点定位法就是个不错的方法。越来越高端、便捷的通信方式让我们能轻易地联系到很多人，我们从不曾拥有这么庞大的人脉资源。不管你有什么样的需求，能够有能力满足你需求的人都是一类人，而且远不止一两个。决定谁跟你之间会发生故事的关键因素，就是你在第一时间想到了谁。在你的资源搜索榜上位置越靠前，你们之间发生故事的概率就越大。反过来也是一样，你在别人资源搜索榜上的位置很多时候比你自身的价值还重要。三点定位法就是能够帮助你快速占领他人资源搜索榜前排位置的"超级神器"。

学会三点定位法之后，你至少应该把下面这三件特别重要的事变成你的本能：

经常用这三个关键信息对自己的价值认知进行修正。 时刻清醒地认识到"我是谁，我能提供什么，我需要什么"，把这些关键信息传递出去，并确认对方接收。

当面对一个陌生人的时候，能够快速运用三点定位法对他进行社交价值定位。 如果他没有告诉你足够的信息，那就想办法让他告诉你，不管是直接从他那里获得，还是间接从熟悉他的人那里获得。不然你就没办法从自己的资源搜索榜上及时找到他。

运用三点定位法对自己的通信录资源进行整合，并及时更新和

校正。在整合之后出现在通信录里面的人名后面至少应该有这样的备注：行业、职位、产品、合作需要。然后注意及时更新，比如××转行了、升职了、解锁新技能了。这些应体现在对他的备注中。

坚持做上面说的这三件事，直到将其变成自己的本能反应。这时候三点定位法对你来说，就不只是一种方法，还变成了一种思维方式，也只有到了这个时候，你才算是真正学会了三点定位法。

所以我的建议是：马上开始做这三件事，直到成为你的习惯。不管是不是理解都要去做，如果你已经理解了，在做的时候就会发现，它比你原来理解的还要神奇，这也是我们说的通过行动去迭代你的自我认知。如果还有弄不明白的地方，不要紧，你会发现有些东西做着做着就通透了。所以开始行动，从今天开始，运用三点定位法做好你的三件事。

03

"我需要帮忙"或"给你一个机会"

我不止一次问我的青创合伙人一个问题：如果你遇到一个问题，需要寻求别人的帮助，你会如何向对方表达得优雅和体面？

这是个好问题，但也实实在在是一个不好回答的问题。开口求人，这件事本身就是社交中的一个痛点。能开口就已经很不容易了，能不能办成都是未知，还想把这件事办得体面，这就是难上加难了。很多人听到这个问题的时候，脸上都会挤出一个尴尬而不失礼貌的微笑。潜台词也很明显：

"都到了开口求人的地步了，还讲究优雅和体面？你确定不是在开玩笑吗？"

没错，我真的不是在开玩笑。这个问题，我绝对是很认真地在问你。当然，我们的小伙伴也很认真地给出了答案。如下：

"我觉得请人帮忙，最重要的是诚恳，要能放得下面子，放低自己的姿态。这样才能让别人看到你的诚意，他们才会帮助你。对了，还要突出别人帮助你的重要性，还有你对成功的渴望。我想我会这样跟别人说：'您知道为了这件事，我付出了很多很多的努力。而且您的帮助对我来说也是非常重要的，您可能不知道您现在的选择将会决定我们这件事情的成败。如果您能够施以援手，这份恩情我是永远都不会忘记的。'"

这样的表达姿态够低，态度也很诚恳，也充分表现了对方帮助的重要性，还真有成事的可能。不过不够优雅，也不够体面。再比如这样的答案：

"我的感觉是，要想获得别人的帮助，首先得学会'亮肌肉'。你得证明你有成事的能力，毕竟对方帮助你也是一种付出，谁也不想在一个毫无价值的人身上浪费时间和精力。所以，如果要想把这件事做得优雅一些，你就要用一些硬指标来证明这件事的可行性和你能办成此事的概率。比如我会在开口之前做好充足的准备，各种报表、数据分析我都会准备好。即使只是一件不太大的事情，我也会先演练几遍，以保证别人对我能力的信任。我觉得这比诚恳更重要一些。"

这也是一种很有代表性的答案，也有很多可取的地方。无论如何，向别人证明某件事的可行性以及你具备办成这件事的能力，确实能在很大程度上提高你获得帮助的概率。比起第一种答案中只关注态度和自己的姿态，确实高明了不少。然而还是不够优雅，也不够高明。到底有没有比前两种更优雅、更体面的求助方式呢？有。我们来看第三种答案。如下：

"我觉得要想让这件事变得优雅，就得想办法改变单纯地向别人索取的想法。看看别人如果帮你，他能从这当中获得什么好处，或者你有没有什么是对方需要的。想办法把一方向另一方的索取，变成双方都能获得好处的事情（共赢）。如果是我，我就会先考虑对方能通过帮我而收获什么样的价值，然后再寻找需要这些好处又能为我提供帮助的人。这时我们间的关系就平等了。我不用再跟他说：'我遇到了一个困难，需要你的帮助。'我可以这么对他说：'我这里有一个不错的机会，对我们双方都有好处，你要不要试一试？'

"这时候我的姿态依然可以放得很低，我还可以'亮肌肉'去证明我能够把这件事办成。但因为我不再是向他索取，而是在为他送福利，那么这件事情就会变得很优雅，也很体面了。"

没错，让寻求帮助这件事变得更优雅、更体面的方法不在具体的表达技巧上，而在思维的逻辑上。不管是放低姿态也好，"亮肌肉"也好，都只是在关注细节上的不同，而做事的基本逻辑都是一样的。这个基本逻辑就是索取逻辑，所做的都是一些技术层面上的努力。但是不管我们在技术层面上做得有多好，都不能改变想要向对方索取的基本事实。**只要是手心朝上向别人索取，不管怎么伪装你都优雅不起来。只有把单向的索取变成双向受益的共赢，这件事才能更加体面。**在寻求帮助这件事上，不仅要看到对方的帮助对自己的价值，还要看到这件事在对方眼里的价值，然后想办法满足对方的价值需求，那么这件事就变得体面多了。

举个例子，假设你是某品牌女装的经理，依托职业资源优势，你构筑了一个规模不小的线上社群，社群里都是一些关注时尚和注重生活品质的年轻职场女性。你要想增强这个社群成员的凝聚力，就需要不断邀请各路时尚大咖来为她们做一些分享、互动。从常规的角度来看，这是一件难度非常大的事情。这不仅需要门路、关系，还需要支付一笔不菲的经费，这对你来说压力非常大。但若厚着脸皮让人家免费来帮忙，连你自己都觉得这件事不靠谱。怎么办？有没有一种方法既能不花钱还能办得体面呢？那就必须想办法把这件事从单向的索取变成双向受益的共赢。

比如，你可以这么思考。要想把这件请人帮忙的事情变成双赢，就得琢磨一下你有什么。你有什么呢？你有一个规模不小的线上社群，这些年轻的职场女性拥有较强的时尚意识和一定的消费能力，她们都非常关注生活的品质。然后再想想，你需要邀请的这些大咖，他们需要什么？他们需要粉丝，需要大量具有时尚接受能力、消费能力，以及随时可以转化为客户的优质女性消费群体。而你的社群中就有这样的一批人，试问那些大咖需不需要她们？太需要了！

只要想通了这一点，你就不用为支付不起经费头疼了。你可以跟大咖说："我这里有一个社群，都是我多年来积累的客户。她们对时尚产品拥有超强的接受能力和消费能力，您只需要跟她们做一次线上互动就有可能让她们变成您的优质粉丝。这件事您愿意做吗？"这样的好事，他们当然愿意做。这件事这么做，是不是显得特别优雅，特别体面？那绝对是的。

需要注意的是，你需要把这个问题再问一遍自己。不要重复我给的答案，忘掉我说的话，记住我告诉你的思维方式。用你在现实生活中的一件需要向别人寻求帮助的事情去做一次现实分析，看看能不能在这个思维的指导下琢磨出优雅、体面的方法。

先讲价值，因为"必有重谢"真的很低端

先给大家分享一个词"兑付型产品"，怎么理解这个词呢？我之前说过，请人帮忙的时候要想把事情办得更体面，就得运用价值思维，把单向的索取变成双向受益，让对方也能从这件事中获益。只要方法得当，这一规则的适用性非常强。但是什么事情都难免有例外，有些事情单从这件事上来看对方是没办法获益的，但是偏偏又只有这个人才能帮你。怎么办？你就得准备好在其他方面给对方弥补，**这个用来弥补对方因为帮你而付出的东西，我把它叫作"兑付型产品"。它可以是实物，可以是信息，也可以是服务。只要用来弥补对方因为帮你而做出的付出，就可以叫作"兑付型**

产品"。

其实要理解什么是兑付型产品，一点儿难度都没有，甚至兑付型产品的准备和支付都不是很难，这里面最有技术含量的是怎么向对方展示你的兑付型产品，让它为你换取最好的结果。这件事听起来好像有点玄，许给别人好处，把好处摆在别人面前谁不会？好像跟高情商没有多大关系。然而有个很尴尬的现实就是，在我所见过的人里面从来都不缺把这件事办砸的。不得不说，凡是能把这件事办漂亮的人，他们的情商之高远超常人。

我们来还原几个生活中常见的场景，展现一下这当中的一些门道，看看你能领悟到多少。

场景一：

小丽养了一只非常漂亮的比熊狗叫小饼干。小饼干两个多月的时候就被小丽接到家里来了，这四五年的陪伴已经让小丽把小饼干当成了最知心的朋友。可是有一天，小丽带小饼干在楼下玩，不小心小饼干被一旁的一只哈士奇给带跑了，小丽找了半天都没找到。她看到广场上有不少老人在闲聊，于是就问这些老人能不能帮自己找一下，并说找到之后必有重谢。听了小丽的话，老人们都催促小丽赶紧去找，时间长了就找不到了，但是谁都没有要帮忙的意思。小丽想了想，又对老人们说："各位叔叔、阿姨，请你们帮帮忙好吗？请你们帮忙找一下，它不会跑太远的。只要能找回来，我愿意给1000元钱表示感谢。谢谢你们。"结果在众人的全力寻找之下，小丽很快就找到了走丢的小饼干。

场景二：

小静家里的空调坏了，售后的维修工人手紧张，安排不开，客服说最早要等到第二天下午才能上门。小静实在没有办法，只好打电话叫了一个做零活的维修师傅。外面将近四十摄氏度的高温，满脸汗水的师傅一进门就开始干活，把笨重的外挂机拆了又装。时间越来越长，师傅的脸色也越来越不好。来回折腾了好几遍总算是修好了。看着维修师傅被汗水湿透的衣服，小静觉得有些过意不去，甚至后悔一开始把价钱压得有点过低了。等到师傅修好以后，小静赶紧从冰箱里拿出水果和冷饮，还主动给师傅加了维修费。而师傅在拿到钱以后却显得有些不自然，他要是早知道人家会这样客气，刚才就不会一边工作一边闹情绪了。

场景三：

小艺是公司里的业务骨干，聪明能干又勤快，时不时地会被领导抓差。用领导的话来说，这就叫能者多劳。一天临下班的时候，领导又来找小艺说有一个方案客户要求当天必须交给他们，让小艺加班把这个方案做了，并且很神秘地说，这次不会让她白干，会给她包个大红包。其实小艺下班以后也没有什么事，如果真的有大红包奖励，加班倒也没什么。可是一想到奖励的事领导说得那么含糊，感觉十有八九又是在忽悠她，于是小艺就找了个借口拒绝了。到第二天上班小艺才知道，另外一个水平不如她的同事加班把方案做了，竟然得到了 2000 元的大红包。小艺忍不住在心里埋怨领导太不够意思，要是当时说清楚有 2000 元奖励的话，自己说什么也会留下来加班的。

从三个场景中，你都领悟到了什么？现在请你认真思考，拿出纸和笔把想到的记下来，然后对照着看。

我们先来回顾第一个场景，小丽请大家帮忙寻找走丢的小狗，并给出了兑付型产品。但是对这个兑付型产品她开始是这么说的："必有重谢"。谁也不知道她的这个"必有重谢"到底是什么，自然也就没什么效果了。不过她很聪明，很快就反应过来，对"必有重谢"做了补充——"1000 元钱"，兑付型产品说清楚了，后面的事情也就在情理之中了。

第二个场景里面的小静，她的兑付型产品很明确，从冰箱里拿出来的水果和冷饮，主动给师傅加的报酬，都是实实在在看得见的东西。但是，结果我们也看到了，结果无法改变。为什么？她选择的时机不对。如果一开始就把这些好处摆到明处，结果就会是另一个样子了。

第三个场景里小艺的那位领导，在展示兑付型产品的时候选的时机正确，一开始就说明白了不会让小艺白干，有奖励，而且也说明白了奖励的内容——"包个大红包"，但是大红包还是没能留住水平最好的员工，而只能让水平不如小艺的员工来做，方案效果自然是不一样的。问题出在哪里？因为小艺的领导没有做到量化，不把红包量化，别人就无法做出准确的判断。就像有个人跟你描述高度时，对你说"一人高"，你能准确知道这个"一人高"到底是多高吗？显然不能。

我们来总结一下展示自己的兑付型产品的三个关键：第一，抢占先机，在事情没开始前，就把兑付型产品拿出来；第二，要具体，这个兑付型产品到底是什么一定要说清楚；第三，要可被量化，除了要说明兑付型产品是什么还要准确说出数量。要想得到自己想要的结果，就需要在展示兑付型产品时做到这三点。这将决定对方会用什么样的态度、用多少分的努力来完成你所交代的事情。从重要性上来说，巧妙地展示兑付型产品的价值并不比兑付型产品本身的价值逊色。在了解展示兑付型产品的技巧之后，绝对不能再说"容当后报""必有重谢"之类的话了，这些话虽然说出了口，却没有发挥它的价值。

05

被不被需要，千万别一厢情愿

  我们这一章的核心关键词是"价值"，那么你觉得你的价值是由什么决定的呢？不要怀疑这是一个无聊的问题，这个问题对于新晋奋斗者来说非常重要。如果这个问题搞不明白，那么你的计划还没开始就已经失败了一半。这不是吓唬你，而是经验之谈。不过不管你想到了什么样的答案，都不要急着下结论，我先给你讲两个故事。

  小雅从大学毕业就开始做销售，涉足过不少领域，奋斗十几年也算得上是中产一族了。她在一线城市有两套房子，有一辆虽算不上豪奢但也是中等偏上的车。谈起这些年的收入情况，她的感觉是起伏不定。她的这个说法让人有些不好理解，按照我们正常人的逻辑，随着经验和资源的积累，收入不是应该呈上升趋势吗？小雅说完全不是这样。那为什么？她重点讲了一下自己收入变动比较大的那几年。她说自己有两个阶段收入比较高，第一个是她做艺术品销售的那两年。那两年小雅销售的是高端工艺品，有些产品一旦被贴上艺术的标签，利润就会非常高，作为销售人员拿到的佣金也非常可观。这些产品平时的成单率并不是很高，不过小雅刚好赶上了好时候，那两年价格不菲的高端工艺品的成单量简直快要赶上普通用品了。所以，只是两年的时间她就在一线城市按揭买了一套住房。

第二个收入高峰是她售楼的那两年，正赶上房产市场价格狂飙的时候。她感觉根本不用销售人员四处开发客户，而是客户追着销售人员跑。那时候业务多，她一个人带客户看房根本忙不过来，还专门雇了两辆车来帮忙接送需要看房的客户。她说业绩好的时候一天的佣金就是一二十万，所以这两年多的时间她还清首套房的按揭贷款，又入手了第二套。

但是，小雅现在的日子过得并不轻松。因为她现在在一家家具建材城做销售，原本家具的成单量比较高，现在却低得超出想象，再加上产品本身的单价就比较低，所以现在的佣金收入跟头几年相比也有了很大落差，而且付出的辛苦比之前还要多得多。

李冰现在是一家中型软件开发公司的副总，是绝对的技术核心，带领公司在软件开发领域做得风生水起。然而，刚开始时他发现公司发展前景并不乐观，甚至可以说是绝望。他们那一届是国内最早学习软件开发专业的毕业生，在他们辛辛苦苦学好专业准备在社会上大展拳脚的时候，才发现他们的专业太新潮了。当时国内就没几家专业从事软件开发的公司，岗位少得出奇。关键是市场上没什么需求，为数不多的几家公司经济效益也不是很好。他们怀着一身的技术和满腔的热血，却找不到需要他们的公司。所以很多人为了生存，放弃自己所学投身到完全陌生的领域。而他现在之所以能有这样的成绩，是因为他的坚持，终于等到了他被需要的时代。

故事到此结束，现在让我们再回到开始的那个问题。如果你从一开始想的是自己的价值取决于自身的努力和天赋，现在是不是感觉需要修正一下呢？从个人精进的角度来讲，说价值取决于个人的努力和自身的天赋，这没什么好质疑的。但是如果从高情商变现，也就是资源的整合和应用的角度来讲，"你的价值由谁来决定"这个问题的答案就应该是这样的：你的价值取决于两个关键因素，这两个关键因素都不是你自己。首先，你的价值取决于你所处的通道。如果你所处的是一个上升的通道，那你的价值也会跟着不断攀升；如果你所处的是一个下行的通道，那你的价值就会不断贬值。其次，你的价值取决于对方的需求。你的价值符合对方需求时，你就是一个有价值的人。如果对方没有这种需求，你的价值在对方看来也许一文不值。

这个说法，是我从"罗辑思维"联合创始人李天田那里借来的，如果你对这个名字不是很熟悉，她还有一个更响亮的江湖名字叫作"脱不花"，圈内人叫她"娘娘"。她是我非常佩服的一位女性，绝对称得上是又忙又美的典范。那么，怎么理解前面的说法呢？我们结合上面的故事来分析一下。

先说小雅的故事，她的故事体现的就是通道对于个人价值的决定性影响。虽然经历了几个不同的行业，但是她所倚仗的技能都是销售能力。之所以在不同的行业内，她的价值会有那么大区别，跟她所处行业的走势有着直接关系。行业处于上行期时，她的价值体现得就强，后来行业转入下行期，她的价值得不到体现也就只好转入其他行业。不管是在高端工艺品行业还是在房产销售行业都是如此。在这个语境当中，我把这个"通道"解释为我们身处的行业。而李冰的故事诠释的就是对方需求对个人价值的决定性影响。同样是软件开发技术，当社会需要的时候你就能成为社会的中流砥柱，成为公司的核心。反之，你技术再高超也不过是屠龙术而已。

不过，这个说法究竟对我们有什么用呢？对于想用高情商来"变现"的奋斗者来说，搞明白这件事，不管是工作还是创业，都会提前弄明白自己将要进入的这个行业到底是处于上行期还是下行期。看明白行业的走势，对个人的价值体现会有多大的影响我们都已经明白。再者，当我们想办法聚集人脉的时候，只有明白到底是谁决定我们的价值，才能更精准地给自己定位。为什么会有高不成低不就的问题？就是因为我们一直把自己当成人才，却不知道自己所看重的价值由于跟对方的需求不符而在对方眼里无足轻重。

反之，弄不明白这个问题，只会导致两种后果：一种是怀着满腔抱负投入一个夕阳行业，再怎么努力也很难实现自己的价值，甚至会出现因为选错了方向，而导致越努力越失落的局面；另一种就是，总是感觉全世界的人都看不起自己，没有人能发现自己的价值。其实不是别人发现不了你，而是在别人眼里你根本就没有什么价值。这就是弄明白这个关于价值的问题的关键所在：不光能帮你选择一个事半功倍的领域，还能解决怀才不遇的问题。

PART 02

第二章

怎么培养成为"红人"的品牌管理能力

01

过硬的品牌来自过硬的本领

　　2016 年我创办下班加油站，2017 年开发了自己的 App "下班加油站"。顾名思义，就是在上班之余为自己充电、加油，或者利用这个时间来提升自己的专业技能，或者把别人打"王者荣耀"的时间用来修炼高情商变现的能力。为了将来能变成自己喜欢的模样，很多小伙伴都把这里当作梦想起航的地方，他们为梦想努力的样子真的很美。在高情商变现这条道路上，我们一定要坚持的一个理念就是，一定要具有品牌思维。换句话说就是，要学会做自己的 CEO，像经营公司一样经营自己，要拥有让别人知道并记住你的能力。这就得塑造好自己的个人品牌，让自己变成一个行走的广告。

很多小伙伴在听完课后，会即刻展开行动。他们当中的很多人很快就在高情商变现的实践中得到了积极的反馈，但是也有一些人在开始时不小心跑偏了。江小妞是我的一位学生，同时也是一名青创客，在一开始接触高情商课程时曾有跑偏的"惨痛"经历，不过现在她已经是高情商变现"大咖"了。很多后来的学生都是通过她的分享才避免了"误入歧途"的风险。这个乐观的姑娘不止一次跟我说："萌姐，记得在课堂上分享我的'失误'哦，把我当成一个反面教材来讲，千万不要客气。"我知道，她这是又想搭我的顺风车了，想让我在课堂上免费给她做品牌宣传，品牌思维学到这个份儿上，我甚是欣慰。所以，我每次都会满足她的心愿，在课堂上狠狠地"批"她一通。

在江小妞听完高情商领导力课程后的一个月内，据她自己"交代"，整个人就像上满了发条的小陀螺，根本停不下来，所有非上班时间全部被她用来组各种各样的"局"。现在的同事，原来的同事，好久没联系的同学，各种读书群、励志社群里的同好，甚至全国各地陪伴营的学生都被她约在了一起。确实，在那段时间里，她不仅跟很多原本已经疏远的老朋友重新建立了联系，还结识了不少新的朋友，也让很多人认识了这个活泼开朗的姑娘。那段时间她的朋友圈被各种形式的聚会、演讲、分享会填得满满的，微信一天到晚闪个不停。江小妞说，那个时候她的感觉简直太好了，整个人随时都要起飞似的。

可是，来自现实的打击总是让人猝不及防。没过多久江小妞就被公司派去接受封闭式培训，只有晚上睡觉前才有那么一小会儿的工夫拿到手机。这样的情况，让她心中很是忐忑，要是不能及时回复得罪了朋友怎么办？不过，后来的事实证明，她想多了。整整两个星期的时间，除了来自老妈的问候，她竟然一条微信都没收到。当时的她一脸蒙，原本以为自己站在世界的中心，现在才发现这是要被全世界抛弃的趋势呀。后来她跟我诉苦："萌姐，我明明已经努力到快要感动自己了，为什么稍不留神就被他们遗忘了？我到底还要努力多久才能被他们记住，还是说我从一开始就是错的？"

那么努力却得到这样的一个结果，肯定有不对的地方。有效的社交绝对不会是这个样子。有效的社交应该是**大部分的时间和精力都用来自我精进，身边的人都在默默地互相关注，并在合适的情况下发生碰撞，实现资源的优化。有效社交应该是一个可以自动运转的体系**。所以，可以这么说，江小妞对高情商课程中品牌思维的认知在一开始就出现了一定的偏差。我并不是说绝对不可以这样，组局也好，聚会也好，这本身没什么不对。用得好，也能让自己成为一个高情商的人。问题在于，她把所有时间和精力都用在了这里，朋友圈里都是各种聚会现场。虽然她这么做的初衷是想让身边的人都知道并记住她，但是事情做到这种程度，就等于把自己变成了一个"社会人"。再怎么展示自己，大家都会觉得这是一个热衷于交际的"闲人"，她有大把的空闲时间，她的时间是不值钱的。这是一个非常负面的标签，一旦被贴上这样的标签，她在身边这些人的资源分类当中就会被移出优质行列，自然就不会有人愿意主动与她发生联系，如果公司没有对她实施封闭式培训，很可能接下来她想组局都找不到人了。

　　肯努力是一件好事，但是如果找不对方向，就会变成一场灾难。**高情商个人品牌思维最重要的一点就是：个人品牌最重要的是状态，状态决定了你在他人资源列表当中的位置。从这点来说，再没有比奋斗者姿态更好的个人品牌了**。她一开始之所以会有这样的遭遇，就是因为没有参悟到这一点。明明可以凭借一个奋斗者的姿态出现，却偏偏用努力，生生把自己打造成一个不务正业的"聚会狂魔"。就像她自己说的那样，从一开始她就错了。所幸她及时意识到了不对，并马上向我寻求帮助，但是并非所有人都能及时意识到奋斗方向发生了偏差。现在很多人都在鼓励年轻人要坚持不懈，遇到困难的时候一定要不抛弃、不放弃，甚至有一种说法是当你觉得快承受不住的时候，你可能马上就要成功了。然而，我要告诉你们的是，作为一个高情商的奋斗者，当现实给你的回馈跟你的努力严重不匹配甚至完全是在背道而驰的时候，比起坚持，你更应该做的是把事情重新捋一遍。盲目坚持很可能会让你像《南辕北辙》的主人公一样，越努力，离初衷越远。高情商的品牌思维就是这样。当你明明已经很努力却还是一无所获的时候，当你发现自己越来越累的时候，当你发现自己的社交系统不会自动运转，一撒手就马上停滞的时候，请你一定要自查，看看是不是从一开始就错了，否则你努力的结果很可能就会像江小妞一样，离初衷越来越远。

学会高情商的品牌思维后，一定要学会给你的社交做减法，减少在无效社交上花费的时间，把主要的时间用来做自我精进，把"奋斗者"作为你个人品牌的标签。这样才能让你的社交进入自转状态，你才能成为一个高情商的奋斗者。

张萌接受《人民日报》视频专访

02

主角光环就是能成事的感觉

不管我们承不承认，总有那么一类人就像自带主角光环一样，很轻易地就能成为圈子的中心，所有人都会自发地围着他们转，所有的资源和机会都会被他们吸引。我们管这样的人生叫作"开挂的人生"。其实这就是高情商者的一种高情商变现的表现。他们的个人品牌建设做得好，大家愿意主动跟他们建立联系，自然更愿意把资源和机会留给他们。当他们需要帮助时，也会有更多人愿意提供帮助，但这并不只是因为他们人品好或人缘好。用一句接地气的话来解释这种情况，那就是：大家都相信他们能成事。做别人眼里那个能成事的人，这是我对修炼高情商的小伙伴的要求。那么，怎么才能变成别人眼中那个能成事的人呢？

美国社会心理学家、哈佛大学教授戴维·麦克利兰在半个多世纪之前提出一个著名的"成就需要理论"，简单说就是，**具有较高成就需要的人，在现实中的表现看起来才能更像是一个能够成大事的人**。事实上，他们成事的概率确实比其他人高很多。这个理论中关于"高成就需要者"的一些特征会对我们成为能够成事的人有很大帮助。戴维·麦克利兰通过二十多年的研究得出，那些具有高成就需要的人，他们在现实当中的成就也要远远高于普通人。这些人身上具有三种共同特质：

1. 心里永远有一个能逼出自己潜能的目标

具有高成就需要的人，不管现实的境遇如何，他们心里永远都会有一个清晰的目标。这个目标既不会高得不切实际，也不会低得没有任何压力。这种需要跳一跳才能够得着的目标，总是能够让他们把适当的压力转化为动力，恰到好处地激发出自己的潜能。这类人很少出现迷茫期，目标坚定，有野心，有干劲，但是又不至于自不量力。

2. 明白只有自己能够成就自我

具有高成就需要的人，不会奢望天上掉馅饼，他们明白只有自己才能成就自我。虽然跟其他人相比，这类人身边会有更多的资源和机会，但是在奋斗这条路上，他们永远能够分清主次。哪些东西是成就自己的根本，哪些因素只是起辅助作用，这些在他们心里都清清楚楚。这类人不会过度依赖其他的人或事，也不会成为他人的负累。相对于一些偶然的因素，他们更看重自己的努力。他们在面对困境的时候首先想到的不是发泄情绪，而是立足现实尽可能地采取理性的解决方式。

3. 相对于付出，更看重结果

具有高成就需要的人，会更看重努力的结果，而不会纠结于努力本身。用现在流行的一句话来说就是：让结果说话。从经济学的角度来说就是，他们不会因为那些已经付出的沉没成本而痛苦纠结。从哲学角度来说，他们不会为打翻的牛奶而哭泣。

具有高成就需要的人的这三个特征，其实就是如何做一个能成事的人的方法论。把这三个特征作为你的行事标准，尽力做到，你就是圈子里那个能成大事的人。这是具有价值意义的个人品牌建设，会成为你人生奋斗的强大助力。现在，就用这三个标准来衡量一下，你在别人眼里到底是不是那个能够成事的人，或者说你离这样的人还有多远。只有找出自己的短板，我们的努力才有方向，做事才能事半功倍。同时，你也可以衡量一下自己身边到底谁是能成大事的人，然后靠近他，所谓"近朱者赤，近墨者黑"，努力向他看齐，争取与其比肩。这也是修炼高情商的一部分。不过，如果用这个标准来衡量的话，难免显得有些麻烦，操作起来可能有一定的困难。有没有一种能够快速辨别的方法？有。

这个方法更像是一个游戏，来自一项心理学的测试，它有个比较响亮的名字叫作"TAT"。通俗一点儿说就像是我们小时候经常玩的看图说话。准备一些没有固定主题，也没有标准答案的图片，试着根据图片上的内容讲述一个完整的故事。

需要记住的是，故事没有对错之分。只要能合乎逻辑，能够自圆其说，就是一个完整的故事。作为听故事的人你需要注意的是：

1. 故事发生的背景，是顺境还是逆境？

2. 这个故事的主人公有没有强烈的成功欲望？

3. 故事有一个什么样的结局，欢喜的还是悲惨的？

4. 是什么导致了故事的结局，是外界的因素还是主人公自己的原因？

从故事中把上面四个问题的答案找出来，然后看看这些答案是正能量多还是负能量多。正能量我们通过加分来表示，负能量我们通过减分来表示。看看最终得分是多少。至于是百分制还是十分制，无关紧要，你可以把它设定为你喜欢的分值。可以确定的是，分值越高的人在现实生活中取得的成就就会越大。你可以把这些分数看成是你的成大事的指数，如果你得分比较高甚至是满分，那么你完全有理由相信自己就是一个能成大事的人。如果现在还没有那种主角感觉的话，很可能是在展示的技巧上出了问题。如果你得分偏低，那就得非常小心了，这说明你离别人眼中那个能成大事的人还有比较大的距离。

从现在开始，你就需要用这个方法反复强化思维。可以通过找图片、讲很多故事，讲过之后再复盘，并在复盘时把那些负面的事物一点点挤出去。直到你的故事中充满积极、奋进的力量，这时你就是一个具有超高"成就需求"的人了，这才是一个奋斗者应该有的姿态。

讲一个配得起自己的品牌故事

　　有一个故事，我在高情商领导力课堂上讲过很多遍，因为这确实是一个很棒的故事。它很好地诠释了故事的力量。这就是马云和蔡崇信之间的故事。关于马云，已经不用再做什么介绍了，只需要把这个名字说出来就够了。但是故事的另一个主人公——蔡崇信，人们对他的熟知度并不像对马云那么高，然而对阿里巴巴来说，他绝对是一位功不可没的人物。他最初以CFO（首席财务官）的身份加入阿里巴巴，现任阿里集团董事局执行副主席。在阿里的合伙人中，只有两个是永久合伙人，一个是马云，而另一个就是他。我在高情商课堂上经常讲的那个故事就是马云如何说服蔡崇信加入阿里巴巴。如果以阿里今天的规模和成就来看，招来蔡崇信这样的人才也看不出有什么传奇的地方，但是蔡崇信是在阿里刚成立时加入的，那么当初是什么吸引了他呢？

1999 年对于马云和蔡崇信来说是个关键性的时间节点。1999 年马云创办阿里巴巴，并担任阿里集团 CEO（首席执行官）、董事局主席；同年，蔡崇信决定从原来的公司辞职加入阿里巴巴。

在 1999 年之前，马云发挥自己英语老师的优势创办了杭州海博翻译社，很可惜翻译社赚不到钱，没多久就倒闭了。后来马云又创建了中国黄页，可是没过多久又不得不离开。离开中国黄页以后，马云带着一帮年轻人准备做一家能够影响全国甚至全球的公司。当时还没有"阿里巴巴"这个名字，他们连个公司都没有成立，只有这群人和一个刚刚运行了几个月的网站。

而拥有耶鲁大学经济学学士和法学院法学博士学位的蔡崇信当时已经是瑞典投资公司 Investor AB 附属公司的高管了，他当时的年薪是几十万美元，折合成人民币约几百万元，用马云的话说就是"蔡崇信可以买下十几个当时的阿里巴巴"。就是这样的一个人，马云当时给他的薪水是每个月 500 元人民币，而蔡崇信依然非常坚定地加入阿里巴巴，就连家人的激烈反对都无法改变他的决定。据相关媒体报道，蔡崇信的妻子当时说："如果我不同意他加入阿里巴巴，他一辈子都不会原谅我的。"

故事讲到此处，是不是感受到了其中的传奇色彩？是不是很好奇马云到底对蔡崇信做了什么，才能让他这么坚定不移地加入阿里巴巴？答案很简单，马云给蔡崇信讲了个故事。当时的马云还没有创建自己的公司，也没有能拿得出手的薪酬，唯一能吸引人的就是他的超级愿景。马云用故事来诠释自己的愿景，而不是谈什么商业模式，谈怎么做业务或者怎么赚钱。他说："我们要做一个中国人创办的世界上最伟大的互联网公司……"虽然我们不知道当时马云具体说了什么，但是可以确定的是，马云讲的故事让蔡崇信看到了阿里巴巴的隐形优势，从而让蔡崇信相信阿里巴巴的前景不可限量。蔡崇信的加入不仅为阿里巴巴带来了强大的资本系统，更带来先进的法务和管理系统，使得阿里巴巴进入规范化运作。马云的这个故事是我所听过的最有价值的。

借助故事的力量，马云让蔡崇信加入了阿里巴巴，故事力量之强大可见一斑，尤其是在品牌建设上。几乎每个品牌的背后都有一个很漂亮的故事，比如"我们只是大自然的搬运工"，听到这句话你会不会马上就有画面感？那些关于纯净水源的画面，关于"大自然的搬运工"的故事能不能让你记住其背后的品牌？当我们说到那些热情到"变态"的服务时，当我们讲起他们为顾客的手机套上塑料套，为刚刚失恋的顾客提供暖心小礼物时……当我们讲起这些故事的时候，会不会想起故事背后的品牌？这就是故事的力量，这就是品牌建设中对故事的运用。那么，个人品牌呢？同样，让别人知道并记住你，讲故事依然是个很棒的方法。下文讲述几个故事，我们来体验一下在建设个人品牌上故事的力量究竟有多大：

"有一位老人，在他 74 岁的时候开始了自己的第二次创业，承包了两千多亩的荒山准备种橙子……"

"有一个老板，自己的一个基层员工受了欺负，她强势撑腰，声明如果这件事不追究到底，她就不配再做公司总裁……"

听完之后能不能马上就想到故事背后的人物，再想到人物背后的品牌？肯定能！这就是故事的力量。作为一个想要建立个人品牌的奋斗者，讲好故事的能力应该是你的标配。怎么才能拥有这样的能力呢？Firebrand Group 创始人兼首席执行官杰瑞米·戈德曼在《走红：如何打造个人品牌》一书中提到一个不错的方法：RAPTURE 原则。这个原则会告诉你讲一个精彩的故事的几个关键。杰瑞米·戈德曼认为，要想创作一个引人入胜的故事，让别人知道并记住你，你就不得不运用这个 RAPTURE 原则。RAPTURE 是一个英文单词，它的意思是兴高采烈。如果分开来看，每个字母又是一个英文单词的首字母，而这个单词就代表创作好故事的一个关键点。我们用自己的方式来重新诠释一下：

Relevant：相关性。原本的意思是说这个故事应该围绕你产品的核心部分展开。那么放到修炼高情商上，说的就是围绕你最想让别人记住的特征展开。比如你希望让大家记住你的职业和身份，那就围绕你是做什么的这个核心展开故事；比如你把奋斗的目标锁定在你的爱好上，那就围绕你的爱好来展开你的故事。还记得我的

1000天小树林计划吗？大学时期，我每天早上5：00在小树林读英语，风雨不动、寒暑不辍，最终从学渣逆袭到学霸。这是我的关于高效管理人生的品牌故事，也成就了我的第六本书——《人生效率手册》，而提到张萌，人们无一例外都会想到"人生效率管理"实践者，这就是萌姐的个人品牌。

Authentic：真实性。这一点尤其重要，虽然这是在教你怎么讲好自己的品牌故事，但并不是要让你虚构，而且绝对不能虚构。它应该是一个真实的事件，或者说是一个你坚信为真实的事件。即使当下还没发生也要有足够的发生合理性，并且你坚信它会发生。马云给蔡崇信讲的故事，并不是当时就已经发生的事情，但是他让蔡崇信看到了它的合理性，并让蔡崇信感受到了他的决心。这是马云把故事讲成功的关键所在，否则像蔡崇信这样的人，马云就算是有超一流的口才也没办法用一个虚假的故事来欺骗他。

Persuasive：说服性。我对这个说服性的理解是，你讲的故事一定要够刺激。如果你是用来诠释你的愿景，那这个愿景就应该有足够大的诱惑力。如果你讲的故事是已经发生的事情，那这个事件就要有足够的吸引力。至于怎么说才能更有说服力，这属于演讲技巧的范畴。还记得我30岁时，被查出多处甲状腺结节，并且增长速度迅猛，我用了150天的时间完成康复，并总结归纳了健康管理方法。此后3年，每天践行，持续优化，最终我在喜马拉雅平台上开设了《张萌：精力管理 50 课》，帮助数十万同学做到精力充沛、不疲惫地去奋斗。现在他们依然关注着我的微博，每天跟我一样坚持早起早睡，规律运动，做一个阳光励志、又给他人正能量的人。这一切，都是有故事支撑的，它们都有说服性。

Timely：及时性。其实我更愿意把这一点解释为可塑性或者多变性。整个 RAPTURE 原则告诉你的是创作一个好的品牌故事的关键法则，而不是要你用一个固定的故事来应付所有场合。你可以把这个原则当中的所有关键点理解为可以随意组装的活动组件，你根据这些组件完成的作品应该是一个变形金刚，它可以根据实际需要展现出不同的姿态，这样才能更加灵活，也更为妥帖。

Understandable：可理解性。最直白的表述就是要"说人话"，要接地气，简单直接，不绕弯子。虽然你是在讲述一个故事，但是在大多数情况下你所面对的场合都不是你的专场。你需要在最短的时间内，用最简洁的话把故事讲完，并保证它们能被理解，不然你就白讲了。10 年前，我做过神经认知科学与功能语言的研究，也在北京师范大学开设了"实用演讲与口才"的课程，后来也出版了关于演讲的书籍，开设了好口才课程。我讲课有一个特点，只要是对我的学生，从不说专业术语。我们一致认为，"术语"就是人与人之间交流的屏障，会将我们的距离分开。因此我授课时，总把"术语"转换成大家能听懂的、接地气的大白话。让大家听得懂你在说什么，是一种能力。

Relatable：共鸣性。人们总是会下意识地认同那些跟自己有共同感受的人。如果你想让他们对你的故事印象深刻，那就需要找到你与他们之间的共性。这一点需要你具有很强的灵活性，比如在一个年轻人的聚会上，你就可以在你们一起经历过的某些特殊时刻中找到共鸣；在一个同行业者的聚会上，你就可以在工作的喜乐中找到共鸣。需要注意的是，你的目标是让他们通过一个故事知道并记住你，所以这个共鸣一定是积极的、正向的。

Educational：教育性。不知道杰瑞米·戈德曼是不是为了让这个 RAPTURE 原则显得更有趣味性和更加令人振奋才选用了"Educational"这个单词，但是我并不太喜欢"教育性"这个说法，我更愿意把它说成价值。不管你讲了一个什么样的故事，它都应该有一定的价值内核。比如 74 岁的老企业家承包荒山种橙子，比如"我们只是大自然的搬运工"，它们都有很强的价值内核。你要讲的也应该是这样的故事，而不是一则趣闻或笑谈，不然他们在笑过之后什么都不会记住。

这便是创作高端个人品牌故事的 RAPTURE 原则，你需要做的是，运用这些关键点不断对你的品牌故事进行升级迭代。当然，要想做到这一点，你必须在每次讲过之后都来一次复盘，不能懈怠。要知道，我们的大脑通过记住故事来记住故事背后之人和品牌的认知规律，这正是故事的力量所在。你可以在手机备忘录中专门开启一个"我的故事"的笔记，想起自己具有个人代表性的故事时，不妨把它们记录下来。长此以往，形成习惯，把故事按照本书的方法写下来熟记于心，成为你自己语言体系的一部分。时刻记得，奋斗的脚步不停，你的故事就没有结束。

好品牌就是有"眼缘儿"

众所周知，与人相见的第一眼，便是对方的外在形象，因此打造个人品牌的第一张名片便是，形象管理。毫不夸张地说，一个人的形象绝对是个人品牌建设的重中之重。因为你的形象会体现出你的专业性。想要在头几秒内就给别人留下好印象，就得做好自己的形象管理。

形象管理，简单来说就是你的形体管理和着装管理。在成年人的世界里有一条法则，"颜值"并不一定很重要，但是你的形体绝对很重要。虽然我们一直在强调有素质的人绝对不应该歧视或者嘲讽别人的形体，但不得不承认的是，很多人都认为那些连自己的形体都管理不好的人，其自控能力并不那么靠谱。所以，这方面的投资非常有必要，包括时间、精力和金钱。调节饮食结构，做一些必要的训练，如瑜伽、舞蹈、泰拳等，都会帮助我们有效地管理自己的形体。同时也会帮助我们高效管理自己的精力，这是每个奋斗者都应该做的事情。我在"财富高效能"线下课中，会讲关于精力管理的内容。我曾说过，一个人只有管理好自己的精力，才能过高效的人生，才能成为一个真正的奋斗者。这点我自己深有体会。我有比较严格的饮食计划和作息规划，比如早起、早睡打卡，同时我也是一名泰拳习练者。纵然我平时的日程安排得相当紧凑，我也从来不敢把运动时间省下来，在助理为我安排日程的时候，她永远会按照我日程的优先级安排，我的健身运动优先级比工作会议还高，这么做换来的结果是什么呢？我的粉丝都叫我"钢铁萌"。

上过我线下课的人都有体会，我课程教学量非常大，我一天的教学量常常等于别人平常两三天的教学量。因为我们很多小伙伴都是"下班来加油的"，平时还要上班。如果把课程安排得很松散，很多外地来的小伙伴就得请一个星期的假，而我们下班加油站的宗旨是加油不能影响工作，所以两三天的课程就被我压缩成了一天。这就意味着，我每次开课的时间都会在 15 个小时左右，有时候还会更长。而我还有几个习惯，首先我上课时是穿高跟鞋的，其次我上课从来不会坐着，再次我从不用 PPT，都是手写板书。所以，小伙伴们看见踩着高跟鞋站一天的我就开始叫我"钢铁萌"了。"钢铁萌"背后需要充沛的体力和精力去支撑，而我倚仗的就是饮食管理和系统运动训练，这既是形体管理也是精力管理。如果你想做一个真正的奋斗者，如果你想建设好的个人品牌，做到形体管理是前提。不要说经济紧张，不要说没有时间，这都是阻碍你奋斗的借口。

着装管理。在跟学生们接触的过程中，我发现他们在穿衣上有个误区，尤其是那些有奋斗精神的年轻人。你跟他说你需要学习、需要充电，这需要投资，他觉得可以。你跟他说，要做好精力管理，这样你的努力才会高效，他觉得也可以。但是你跟他说，你要多买几套质量好些的衣服，要经常修剪头发，保持别人对你的好感度，他就觉得这有些过分了，说现在还没有条件，还没到"享受"的时候。我要说的是，**为形象管理所做的付出不是消费，不是享受，而是投资，是迈向成功的重要一环。有条件要做，没有条件就要创造条件去做**。不过，着装管理这件事跟审美相关，并不是转变一下观念，舍得付出就能做好的。下文是一些基本原则以供参考：

1. 不要用一套衣服打天下

很多新入社会的人都是一套衣服打天下。不管在什么场合出现，永远都是固定不变的着装，多数情况下是一套西服。这很容易理解，因为很多公司对上班着装是有要求的，通常都是要求员工穿黑色或蓝黑色西装，要不就是白衬衫、黑裤子、黑皮鞋。所以经常会出现一些比较尴尬的情景，比如在公司组织的野游活动上，有人踩着皮鞋爬山；在同行业的聚会上，会有人穿着西装玩游戏；在酒会上的一群穿着精致休闲的美女里，竟有一两位套着职业装。虽然说不上不对，但就是显得那么格格不入。所以，再怎么困难，也千万不要用一套衣服打天下，起码应该做到：拥有一套职业正装，上班时穿；拥有一套商业休闲装，在一些商业性的场合穿；拥有一套户外休闲装，户外活动的时候穿。

2. 质量不可以打折

不管是在什么样的场合，也不管是穿什么样的衣服，新旧可以不论，但是一定不能有过于明显的磨损痕迹和污渍。作为奋斗者，穿衣服可以不计较品牌，但是质量不能太差。那些动辄绷线、起毛、缩水、变形的衣服就不要在重要的公共场合穿了。其实很多质量较高的衣服，如果不追求新款的话，可以在打折时购买。人和衣服有两种关系：**一种是衣服能提升人的气质，另一种是衣服的品质要靠人的气质来烘托。**就像相声界针对作品和艺人之间的关系时说的："有时候是活保人，有时候是人保活。"好的本子能够弥补演员的某些不足，但是坏的本子却要靠演员的深厚功底来弥补它的缺陷，这和个人气质与穿衣之间关系是相似的。作为刚进入社会的新晋奋斗者要做到烘托衣服的品质是很难的，毕竟那需要拥有强大的个人气质和深厚的文化底蕴，所以，穿衣服时一定要先用衣服来提升个人的气质。

3. 穿出你的职业范儿

用着装来彰显自己的专业性，也颇有些需要注意的地方。有些人说，我们都是有着装要求的，就不需要自己操心了。事实上，完全不是这么回事。不要说公司规定的着装，就是公司统一发放的制服都能穿出天差地别的效果来。有些人穿着只能显示出自己的职业种类，而有些人却能穿出自己的职业素养。除了一些特殊的工作之外，最起码要保证衣服整洁、干爽，没有异味。我的建议是，**哪怕条件再艰苦也要保证有一个能挂衣服的衣柜和一部使用方便的挂烫机。一件皱皱巴巴的衣服穿在身上，那效果跟没化妆是一样的**。作为精致女人的代表，杨澜曾经说过这样一句话："没有人有义务必须透过连你自己都毫不在意的邋遢外表，去发现你优秀的内在。"至于那些没有明确着装要求的职业，就做到两个字：得体。颜色以素雅为主，款式以简洁为上，除非你的工作跟艺术相关。

4. 穿出自己的特色

第一条讲不要用一套衣服打天下，起码要做到职业装一套、商务休闲装一套和户外休闲装一套，说的是在不同场合着装要有多样性，免得让自己变成某些场合中的奇葩。而要穿出自己的特色，就是指在同一类场合下着装的统一性。比如多次参加同主题的商业性聚会，你每次的穿着都不一样，别人见你好几次都不一定能记住你。如果你能在同样的场合下保持着装统一，效果就会好很多。我们的知识 IP 商学院中有一位教青年如何写简历的老师，叫高峻，他听了我的课后，转变很大。每次我们开课或者举办论坛，他的着装风格都非常一致，黑色西装搭配一个非常别致的领结，这个效果非常好。大家都知道那个穿着黑色西装，戴着领结的就是高峻，他是简历色彩学创始人。所以，要穿出自己的特色就是：**保持在同一类场合中着装的统一性，并用一些小饰物把自己跟他人区分开，让着装和自己之间建立一种强联系。**

5. 藏在服装里的高情商

除了如前文所提，在一些场合不要穿那些动辄绷线、起毛、缩水、变形的衣服，我们还要知道，**作为一个尚在奋斗路上的新人，那些一看就价值不菲的时尚新款也不能随意往身上套，**因为那会给人一种不能吃苦耐劳的印象。我在《非你莫属》栏目中担任 boss（老板）团成员，这是天津卫视的一档职场招聘栏目。如果候选人穿着名牌、戴着名表，很多老板会对其穿着打扮和生活方式进行评判。在职场上，如果在衣饰品牌和款式上压了领导一头的话，会让领导对你产生不好的印象，这是一种暴露情商下限的表现。在其他场合也是如此，即便再想穿出自己的个性，也要注意场合。有些颜色、有些款式，是留给某些场合中的主角的。如果你不小心喧宾夺主，那么你的得分就会变成负数。2018 年我有幸参加中国妇女第十二次全国代表大会，全国千名在各行各业有杰出表现的女性领军人物皆出席。我属于其中年龄较小的。当这些女性都选择艳丽的颜色，比如红色、粉色、橙色时，我却选择了庄重的黑色和严谨的灰色。在那种场合，我认为自己的角色定位是"绿叶"，应该衬托出她们的美。

张萌参加中国妇女第十二次全国代表大会

你的着装里藏着情商指数，得体不只是要体面，还有对别人的体贴。不压领导一头，不喧宾夺主，作为一个高情商的人这是你在着装上的最后一课，也是最要紧的一课。如果以上这些你都能掌握，那么你将会成为个人形象管理的高手，必将会为你的个人品牌加分。

05

送你一张靠谱的数字名片

　　不知道你有没有想过，在这个世界上到底有几个你？这并不是在谈科幻，也不是要探讨平行宇宙，而是一个很认真的问题。你的回答会反映出你对个人品牌建设的认知状态。在移动互联网时代，应该有两个你同时存在。一个是行走在线下的肉身自我，另一个是活跃在线上的数字化的自己。虽然一个是肉身物质化的，一个是由信息构筑的数字化的，但是对个人品牌管理来说，这两个自己没有什么不同。我们必须像做线下形象管理那样来做线上形象的管理，这样才能把形象管理做到 360 度无死角。那么，作为一个真正的奋斗者应该如何管理自己的线上形象呢？

以微信朋友圈为例。首先，来看看我们平时看到的那些朋友圈都是什么样的。下文盘点了几种最典型的朋友圈形态，看看你中了几项。这也可以看作是对你朋友圈状况的评估。

1. 事业型：我做的事是天下最有价值的事情，凡是不认同的都是没开悟的。

这是现在朋友圈里最流行的一种形态，这些朋友圈的主人觉得自己正在做的是太阳底下最光荣、最有价值的事情，所有不认同、不支持自己的人都还没开化。他们的朋友圈里除了满满的自豪感，剩下的全都是质疑和诘问，然后把所有的自豪和不屑变成一句话："我这里有天底下最好的产品，不买就是不识货，不买简直天理难容。"值得肯定的是，这些人都非常勤奋，当你在上班时，他们在发朋友圈；当你在玩耍时，他们在发朋友圈；当你在睡觉时，他们依然在发朋友圈。于是，几乎所有看得见他们朋友圈的人，都默默地设置了屏蔽。

2. 直播型：虽然我们只是普通人，但是我们依然可以活在聚光灯下，只有点赞才有友谊。

这些朋友圈的主人都拥有一颗不甘于平凡的心，充分运用一切机会聚焦周围人的目光，顺理成章地把朋友圈的九宫格变成了自己的直播间；几点起床，几点吃早餐，几点出门，去了哪里，做了什么，早上吃的什么，中午吃的什么，晚上吃的什么，事无巨细，一一记录。不仅如此，还会积极求评论，求点赞。他们坚决认为那些秒赞的才是真交情，那些不关注自己，不给自己点赞的绝对是塑料友谊。于是，他们跟那些天天捧着手机的人感情越来越深，而那些未能及时点赞的奋斗者，已经被他们从朋友圈里开除了。

3. 吐槽型：这个世界到底怎么了？看着越来越不顺眼。

这类人很有几分与整个世界抗衡的勇气，就像一辆正在逆行的车，感觉整个世界都在跟自己过不去。这类人多数患有"不吐槽会死症"。他们的朋友圈里，挨挨挤挤地全是时鲜的新闻，最后点缀着自己的独家点评，并很为自己在吐槽中的某些"金句"大为得意，却没有发现身边的朋友为了不让自己成为下一个槽点已经远远地躲开了。

4. 鸡汤型：生活已经惨不忍睹，不如干了这碗鸡汤。

在这类人眼中现实也许真的很残酷，好像不喝几碗鸡汤就没了继续生活的勇气。他们时而感悟人生，仿佛已经看穿了世间一切；时而"佛系"颓丧，让人觉得那些他们没做到的事不是做不到，而是他们不愿意去争；时而又在假装努力，问问你见没见过凌晨四点的城市，并附上几张挑灯夜战的照片，一副砥砺前行的奋斗者姿态，最后却因为对结果的抱怨而让真相无处遁形。你大可以假装努力，但结果不会陪你演戏。再多的鸡汤也拯救不了虚脱的灵魂，最多不过油腻而已。

5. 炫耀型：我要告诉全世界我过得很好，让那些看不上我的人羡慕嫉妒恨吧。

这些人的朋友圈其实就是一个字——"晒"。晒娃、晒车、晒礼物、晒衣服、晒宴席、晒旅行，凡是觉得能够拿得出手的，能够"拉仇恨"的都要拿来晒一晒。必要的时候甚至不惜借用一些道具，比如看到路边停着的一辆豪车，就来个自拍晒一晒，然后在一片点赞和羡慕声中感觉终于找到了生活的意义。这种虚拟的愉悦感会让他们产生很强的依赖性，想要他们摆脱朋友圈依赖症，简直是难如登天。

以上就是不属于奋斗者该有的五种朋友圈形态，欢迎对号入座，看看你中了几条。不过不要担心，就算你不小心中了几条也不是什么大不了的事。人们都有选择生活方式的权利，线下线上都是如此。对于普通人来说，只要他们愿意，怎么打扮这个数字化的自己那是他们的自由。但是对于真正的奋斗者来说，就得做得跟普通人不一样才行。那么真正的奋斗者的朋友圈应该是什么样子的？

一个把数字化的自己包装得比较成功的典型是一个专门做劳动仲裁业务的法律工作者。她的成功之处在于，朋友圈里的人知道她，知道她是做什么的，也知道她有哪些成功的案例。通过她的朋友圈，别人还了解了这个领域的专业知识。但是别人不知道她有没有男朋友，不知道她有没有成家，不知道她平时是怎么努力拼搏的。那么这个数字化形象就是成功的：**几乎所有能够用来"变现"的信息都能够被别人接收到**。那些跟别人没有一毛钱关系的信息，**都被她巧妙地隐藏起来了**。因为别人同样是时间成本很高的人，就算有些信息对他有价值，但如果还夹杂了很多没有价值的信息，别人也会屏蔽她。

她是怎么做到的？她的朋友圈从来不发自己有多拼、有多累，生活多么不容易的状态，也从来不用"恭喜××喜提大奔"这类手法来"恭喜××获得……赔偿"。案子结束后，她通常会做个完整的复盘，梳理一下为什么会赢，或者为什么会输，其中道理都能讲在明处。还会把一些文本遮盖关键信息之后当作范本在朋友圈讲解，比如某种仲裁申请应该怎么写，这一份哪里好，那一份哪里不好。很多在她朋友圈覆盖范围内的朋友，后来在遇到这些问题时根本不用咨询她，靠她平日的熏陶把事情给办了。作为一个法律工作者，发朋友圈时从自己的职业特性出发，把数字化的自己塑造成一个法律从业者专属名片，值得我们学习。

还有一位把数字化名片塑造得非常成功的男士，他创建了一家营销策划咨询公司，专注于家居建材领域的营销策划。别人会在他的朋友圈看到什么呢？一些非常实用的营销技巧，不是理论，而是那种直接用来解决实际问题的技巧。还有他会让你了解他们公司员工有多么优秀，这个优秀不是发多少奖金式的优秀，而是员工把那些实用性技巧用得有多优秀。他的朋友圈仿佛就是一个舞台，展示了两样东西：一个是他们的方案有多专业，另一个是执行这些方案的人有多优秀。而他自己和他的拼搏奋斗全部都进入了隐藏模式。在所有人都抢占一切机会展示自己有多优秀的当下，**他能自己退后**

让方案和团队站到前面来，而且还是用这种对别人有用的方式来展现，有人说这是胸怀，有人说这是智慧。我要说的是，这是情商。

综上所述，一个高情商的奋斗者要想管理好自己的线上形象，应该做到：

1. 为自己的信息做减法，留下能够"变现"的优质信息，过滤掉低价值的杂乱信息。

2. 站在他人的立场上考虑展示这些信息的方式，给自己一个不被别人屏蔽的理由。

3. 别太把自己当回事，别人记住你的专业以及你专业的态度比记住你这个人有价值多了。

4. 现在是个注意力严重稀缺的时代。控制自己渴求别人注意的欲望，要懂得克制。

尤其是最后这一条，要想做到这一点确实需要超高的情商，不然不足以克制要展示自己的欲望。最后，借用一句比较流行的话：如果你刚好需要，我刚好专业，我们之间的故事就发生了。要想让故事发生，就得让别人知道你并记住你，但是他要记住的是你的特色优势而不是你的肉身。要让他记住你，你就得有淡化自己的觉悟。让他不时地看到你，并从你这里得到些东西，这样做没问题，但是千万不要像一副墨镜那样时刻挡在他眼前。你那么不尊重他的注意力，他也会不尊重你的努力。克制，需要高情商。

PART 03

第三章

怎么做才能让
自己变得
更"值钱"

你的一无所有，只是视角问题

本书的高情商修炼技巧不仅适合一些小有成就、希望精进的职场人，当然也适合那些刚进入职场打拼的朋友。本书的原则是少讲一些看起来高大上的理论，要多捅破几层认知上的窗户纸，尽量多分享能够解决实际问题的方法。比起扮演人生导师，我更愿意做那些敢于坚持奋斗、不对生活妥协的朋友的同行者。我希望在他们看来，我跟他们一样，也是个奋斗者。只不过我踏上这条路比部分人稍早一些，仅此而已。同时，我希望他们把我分享的东西再分享给其他人，让周围人受益。把自己活成一束光，照亮自己也温暖别人。所以，我制订了以"学会的最高标准是会教"为代表之一的"学习五环法"。这不是说你想明白了、理解了就可以去教别人了，那不是教，只是简单地复制，而你不过是传声筒，我不需要他们在与别人分享的时候说萌姐怎么样，或者萌姐怎么说。我要求他们在用这些方法解决实际问题后，再用第一人称跟别人说"我"当时用这个方法解决了一个什么样的问题。

那么，这样一来，我的面前就多了很多问题。虽然我们都希望这些方法能够立竿见影，但是现实生活中总是会有各种意料之外的情况，然后这些问题就又被学生们抛到了我这里。比如本小节要讲的，就是被他们的反馈给"逼"出来的内容。熟悉我的学生们都知道，相同主题的一堂课，我每次讲课内容的更新迭代率超过70%。为什么？就是因为他们的反馈一直在倒逼我的输出，他们在运用中遇到的问题，我必须在下一次讲课时帮他们搞定。不然就没办法实现我对他们的承诺，这是我绝对不允许的。

那么，下文要讲的这个方法是用来解决什么问题的呢？这个问题就是：我明明一无所有，拿什么奉献给我的贵人？

这个问题是怎么来的呢？还记得价值思维吗？要用自身的价值与身边的人建立联系，在本书前面我也提出过"受欢迎的人"不如"被需要的人"这样的观点。但因为我们有一些同学刚走上工作岗位不久，并没有什么社会资源，他们跟我反馈说："萌姐，您说要用自己的价值跟别人建立联系，但是我把自己浑身上下看了好几遍，就是看不出我的价值在哪里呀！我们刚刚从学校出来，没有资历，没有人脉，甚至连基本的工作技能都还没来得及掌握。这明明就是一无所有！我也想用自身的价值跟别人建立联系，但是我自己都不知道我有什么价值，我还怎么用它来跟别人建立关系呢？"

仔细看看这段话，然后想想你自己的情况，是不是感觉这句话没什么毛病呀？我不否认很多有这种想法的人，他们真的没有夸张，他们说的就是事实。虽然如此，我并没有急于做出解答。**不管面对什么样的问题，不要着急动手，先想想这是个什么问题，是认知上的还是实操上的。如果是认知上的问题，这就需要你捅破那层窗户纸；如果是实操上的问题，那么你需要的就是一个工具。**只有对问题的属性做出准确的判断，在解决问题时才能做到精准高效。上文提到的学生们的反馈属于认知方面的问题，解决这个问题的手段就是利他思维，什么是利他思维？**就是在考虑问题的时候，站在他人利益的角度，以维护和满足他人的需求为出发点。**这是一个看待问题的全新视角。对于有些问题，只站在自己的角度看它是无解的，但是换一个新的角度看，解决起来就容易多了。运用利他思维，常常会有意想不到的惊喜。

有一个非常典型的例子，就是阿里巴巴的支付宝。支付宝是阿里巴巴非常重要的板块，为阿里巴巴带来了极为可观的效益。数据显示，2017 年第一季度，余额宝的资产净值就达到了 1.14 万亿元，该季度的利润达到了 87.04 亿元。这仅仅只是余额宝这一项，支付宝其他项目的效益简直难以想象。这么大的生意是怎么来的呢？要想让客户平白无故把钱放在你这儿，太难了。支付宝是怎么做到的？阿里巴巴做支付宝这个产品的初衷是保证淘宝买家的利益。因为淘宝是一个网上交易平台，买家在购买时只能根据卖家上传的图片和文案来判断，线上所示产品难免会与实物有些差别。特别是衣服和鞋子，不同品牌的尺码之间会有一定的差别，这就会造成一定的退、换货问题。当遇到一些产品质量问题的时候，解决起来就更加麻烦。如果买家直接把钱交给卖家，卖家若不诚信，那么买家利益就得不到保障。但是反过来，如果全部采取货到付款，那么卖家的利益也得不到保障。所以阿里巴巴构建了一个第三方支付平台，就是支付宝。买家下单时把货款交付给支付宝而不是直接给卖家，只有当买家确认收货之后，这笔钱才会由支付宝转给卖家。这样中间不管发生什么样的问题，买卖双方的利益都能得到保证。

最大限度地保证买卖双方的利益，这就是支付宝的出发点。支付宝后来的沉淀资金和随之而来的利润那不过是在帮买卖双方解决了实际问题后的副产品。阿里巴巴在这件事上运用的就是利他思维，包括后来蚂蚁金服的出发点都是一样的。所以它们才得以快速发展壮大。支付宝的产生和发展很好地印证了利他思维所蕴含的巨大力量。

再回到最开始的问题上：明明一无所有，又该拿什么奉献给我的贵人？我们用利他思维，换一个视角，从对方的利益和需求上来看待这个问题。比如你的贵人是你的上司，作为公司的一名领导他每天要处理很多事情，时间和精力对他来说就是最稀缺的资源。但是他所处理的事情当中，有一大部分是远远超出你的能力范围的，对这些事你根本无能为力。不过还有些事情，是不需要他亲力亲为的。**我把完成这些事情所需要的时间和精力叫作无差别资源，也就是说这些事情由他去办或者由你去办，再或者由别人来办，产生的效果都是一样的。只要付出时间和精力就好，至于是谁来付出，产生的结果没有本质上的区别**。但是你如果能在这些事情上用你的时间和精力，置换出你上司的时间和精力，那么，你所付出的时间和精力便有了跟你的上司的时间和精力一样的价值。反过来再看，作为新人的你拥有多少时间和精力？你还会以为自己一无所有吗？这就是那层需要被捅破的窗户纸，用利他思维来思考一下，是不是马上就变通透了呢？

捅破了这层窗户纸，你在自己眼中的价值与之前相比可谓是截然不同。你会赫然发现，原来自己认为的一无所有不过是个假象。原本以为不可跨越的障碍，现在看也不过是一层一捅就破的窗户纸。作为一个新晋奋斗者，要习惯运用利他思维站在你身边的贵人、领导、前辈，或者各路大咖的立场上思考问题，看看他们有多少时间和精力是浪费在那些用无差别资源就能够办好的事情上，然后用你的时间和精力把它们置换出来。这样一来，你平时用来发呆和纠结的时间就能为你创造出难以想象的价值。

第二节 **02**

跟大咖亲密接触的底气

"墨菲定律"被称为二十世纪西方文化三大发现之一，很多人也许对这个定律并不十分了解，不过，我们应该对一句话不会感到陌生：为什么越担心的事就越会发生？这句话就是墨菲定律的核心内容，墨菲定律常被称作定律中的定律，被置于其他定律之上。它的效应不分年龄也不分领域，不管你是哪个行业的，墨菲定律都有办法把你绊倒，你越是担心什么就越会发生什么。这是一个普遍事实，以至于英国科普作家理查德·罗宾逊还专门为此写了一本书——《无处不在的墨菲定律：为什么越担心的事越会发生》。

不过本书并不是要讨论墨菲定律，提起它是因为我在某一时期经常听到它，特别是在我告诉学生们运用利他思维站在贵人的立场上来看待自己的价值后。在这期间的学生反馈中，我频繁听到"墨菲定律"。大概的句式是这样的：

"萌姐，当我准备开口帮上司做一些事的时候，简直比求他帮忙还要紧张。万一他不领情的话，那岂不是很尴尬吗？结果就真的很尴尬，真是越担心什么就越会发生什么。"

"萌姐，我是不是遭遇墨菲定律了？我就担心他怀疑我别有用心，结果他的眼神和表情告诉我，他就是这么想的。"

……

难道真是墨菲定律在作怪吗？根本不是。通过进一步询问和了解，我知道他们的问题根本就不在这里。之所以发生了他们担心的事，是因为他们在这件事情上用的都是"靶向原则"。什么是"靶向原则"？**就是做事情像射击打靶一样，瞄准目标直接开枪。**众所周知，从当下的技术水平来讲，让子弹拐弯是不可能的，子弹一出膛就会沿一条直线奔靶子而去。这用来射击肯定是没有问题的，但是用来结识大咖那问题就太大了。要想运用"靶向原则"，首先得确定你的目标是一个靶子，既不会躲避，也不会格挡，还不会有负面情绪。然而这些条件在你的社交目标上统统不会出现，这就是出现问题的根本原因——选择的方式就是错的，得不到自己想要的结果自然是情理之中的事情。不过，面对比自己强大许多的人时，忐忑不安是任何人都会有的情绪，想到不好的结果也是很正常的。当不满意的结果出现时，我们都会下意识地从外界寻找原因，这是由我们的归因意识决定的。由此一来，很多人就会觉得是自己遭遇了墨菲定律，其实根本不是这样。

虽然并不是墨菲定律在作怪，但是这个问题依然是要解决的，不然我们前面的努力就没有价值了，我们所做的各种投资就会变成资源浪费。于是我就问了那些没有向我寻求帮助的人，他们就没有那种遭遇墨菲定律的感觉，因为这件事情他们完成得很漂亮，得到的就是自己想要的结果，甚至还超出了自己的预期。他们的做法有什么不一样吗？确实有。为了便于大家对照学习，我把他们的不同之处做了一下归纳，希望大家能从中总结出破局的方法。

1. 直接询问 / 用心观察

这是他们做事的第一个区别，感觉遭遇了墨菲定律的人采用的方式比较简单、粗暴，有的甚至直接上去问："领导，您有什么事情需要我帮忙吗？"还有比这更糟糕的方法吗？想想看，如果换成你是领导，你会有什么样的反应？大多数被这样问的人反应都是类似于，"是你有事要找我帮忙吧？""你找我有什么事吗？"或者"你没什么事情做了吗？"这些反应的潜台词很明显：这个人不踏实，不安于本职工作，天天琢磨领导的事。一旦如此，还能期望有什么好结果吗？当然不能。

但是不问又怎么知道有什么地方是可以让我们用自己的无差别资源，把领导的无差别资源置换出来，帮助他省力、省时间呢？那些把事情办得很漂亮的人从来都不会直接开口询问，而是用心观察，从细节看出端倪，答案就在自己心中。

2. 只盯着目标本身 / 关心他所关心的一切

那些觉得遭遇了墨菲定律的人，一旦确定了目标，眼里就再也看不见别的东西了。比如他想与某人达成某种合作，合作一旦实现，将会对他有很大帮助，这个人就是他的贵人。一旦认定了这一点，他就会紧盯目标不放，并寻找一切机会去帮对方的忙。这么做只会让事情变得很难，你会发现只从目标本身出发的话，很少能找到合适的机会。

而另外一些人就不会这样做，他们从来不会紧盯着目标不放，而是能够把目光从目标本身发散开来，覆盖到目标所覆盖的一切。这样一来，找到合适的机会，就不再是什么困难的事情了。只有做到这一点，才能做到急他人之所急，你所提供的帮助才是对方无法拒绝的。

3. 如果你能……/ 如果你需要的话……

这是在给别人提供帮助时，两种完全不同的表达方式，根本区别在于是不是能够站在对方的立场上考虑问题，能否做到既帮别人解决了问题，又给足了对方面子。毕竟我们素来有"不食嗟来之食"的传统，不到万不得已，没有谁会接受用自己的面子去换取别人的帮助。更何况，你提供帮助的人还是那些看起来比较强大的大咖。所以，当一些人在给对方提供帮助的时候以"如果您能……"

这样的句式开口的话，就等于是暗示要想得到这样的帮助，对方就得先做到某些事情以作为前提。这话语当中满满的交换意味会让对方觉得受到了威胁，这就注定了接下来事情的走向不会向好的方向发展。惯用这种方式向对方提供帮助的人，后来都只好再次向我寻求帮助。而另一些人却会用这样的方式开口："我最近刚好在做……有一些富裕的……这个对……来说挺有好处的，您看看身边认识的人当中有没有需要的。如果您需要的话……不然浪费了挺可惜的。"就算在这件事情上，你所提供的在对方看来是非常有价值的，这个价值也是需要由对方说出来的，而你能说的只是"浪费了也挺可惜的"这样的话。其中的价值和含义大家心知肚明，你这么做是在提供帮助的同时，也表达了对对方的尊重。给对方面子这种事，大家心照不宣就是了，说出来反而会适得其反。所以，开口表达的方式很重要，要慎之又慎才行。

比较过后我们就不难看出这其中的门道了。那些把事情办得很漂亮的人，他们不管是平时留心观察，还是关心对方所关心的一切，再或者是运用恰当的表达方式，都既能给对方以实惠，又能给对方面子。这些做法都有一个共同的根基，那就是你一定要真诚地真正站在对方的立场上，以对方的视角来看待这件事。这其实也是我一再强调的利他思维。只有这种真的把对方放在心里的人，才能把这件事做得恰到好处。

以上对比的这三种不同，可以作为借鉴也可以看成是禁忌，都需要你牢牢记住。但是后面特意强调的利他思维，是基础、是源头，更要深入领会才行。列出这三个紧要之处，是希望能帮助你做好这三个关键的步骤，最后强调内在的核心是为了让你能举一反三以做好其他更多的细节。毕竟我们不可能还原所有的细节，但是每一个细节上的疏忽都有可能改变事情的走向。所以不管是这三个关键步骤的具体做法还是作为基础的内涵，都希望你牢记在心。

第三节 **03**

用线绳的觉悟换取珍珠的身价

　　我曾经写过一篇文章，标题是"你的社交圈就是你的身价"。这篇文章也是送给那些刚入职场不久，自认为没有多少资源的小伙伴去构建自己的社会资本的。美国著名的商业哲学家、成功学之父吉米·罗恩说过一句话："你就是和你最常来往的五个人的平均值。"意思是说，要想清楚自己的身价，只需要把你平时来往最多的五个人的身价除以五，得出的那个平均数，就是你自己的。还有一句话叫"再穷也要站在富人堆里"，这句话并非是说硬要跟一群有钱人站在一起，此"富"非彼"富"，这里的"富人"是指那些资历雄厚、资源强大的牛人，他们是未来有可能为你提供助力的贵人。"站在富人堆里"强调的是要提高自身价值。

为什么说你的社交圈决定你的身价？你可以仔细想一想，朋友圈当中你跟谁来往最多，是你周围的朋友、你的发小，还是其他人？如果你交往的大多数人属于同一种类型，毋庸置疑你就是一个这样的人。如果这么想象还是不够直观的话，你就在他们当中去掉一个最强的和一个最弱的，然后找出五个人算出他们身价的平均值。最后你很快就会印证这一点：与谁在一起待久了，你就会成为怎样的人。

换句话说，你的朋友圈、人脉圈、社交圈，就代表着你自己，他们就是你的净值、你的身价。这种情况是怎么发生的？原因就在于你所结交的人脉，你所处的圈层，它们最重要的价值不在于你认识多少人，或者你能够通过认识的人来获取多少价值，而在于你所处的圈层所提供的信息和认知。一个人的信息是来自不同圈层的，假如你的人脉圈、社交圈都是你的同学或同乡，那么你的同乡、同学的平均认知水平，就决定了你信息获取的深度和广度。但是如果你的梦想很大，要通过整合全球资源的方式才能实现，那你就必须拥有全球范围内的一套人脉体系。2015 年，我创办了青年大会，当时第一届大会的主题就是：创业元年。

人脉不是角色，人脉的本质是资源，是可以帮你解决问题的资源。而资源的定义是什么？是人，是机会，是财富，是信息。用高情商积累人脉，是为了让人脉为你所用，让你能够从中获取资源，提升人生效率，实现人生目标。这是我一直在强调的高情商价值体系。但是如何才能把这个理念变成事实呢？我们先来看一个故事：

我非常佩服一位国外的时尚人物，她叫安娜·温图尔，她是著名的时尚杂志 Vogue 美国版的主编，也就是《穿普拉达的女王》的主角在现实中的原型。在时尚圈，温图尔这个名字早已成为时尚的代名词，无论她出现在哪儿，都会成为全场的焦点。剃刀般锋利的碎短发，加上一副大大的墨镜，风姿绰约、仪态万方。

在时尚圈，温图尔已算是登上了顶峰，那么她是如何做到这一点的呢？首先，她的天赋和努力肯定是必不可少的，但除此之外，还有一个非常重要的原因就是她为那些神级贵人主动提供帮助。她在奥巴马两次竞选总统的过程中，为奥巴马募捐了几千万元，同时还担任了前第一夫人米歇尔·奥巴马的形象顾问。米歇尔曾经登上三次 Vogue 的封面。现任美国第一夫人梅拉尼娅·特朗普也于 2005 年登上了 Vogue 封面。温图尔说："Vogue 一直有让美国第一夫人登上封面的传统，我无法想象这次会有什么不同。"在美国大选期间，Vogue 进行了创刊以来首次对总统候选人的背书，公开支持希拉里·克林顿。温图尔在谈及她和 Vogue 编辑团队时说："我们觉得那显然是女性创造历史的时刻。有时，就像你要出任某一个重要的领导职位，对我来说这意味着对女性的支持。"你可以看到，温图尔，穿 Prada（普拉达）的女魔头，为这些人提供帮助，让自己站在跟他们一样的高度上，成为跟他们一样的人，她在时尚界的地位可想而知。

　　或许有人会问：我又不是穿 Prada（普拉达）的女魔头，做不到像她那么厉害，我又该怎么跟我的贵人站到一起，成为他们那样的人呢？那就要用到一个定律：绳律。怎么理解这个"绳律"？**就是指像项链上那根把珍珠穿在一起的绳子一样，用自己的圈层把资历和资源优于自己的人连接在一起，使自己拥有跟他们一样的身价。**这里需要特别强调的一点就是，**绳律的核心并不是圈层也不是串联，而是我们在温图尔的故事中所看到的"利他"。**这是绳律成立的根本原因，只有采取对他们有益的方式，这个串联才能实现，这个圈层才能成立，你才有可能把自己的身价提高到跟他们一样的高度。我们在温图尔的故事中可以看到，她用自己在时尚圈中的宣传优势和专业优势，主动为自己的贵人提供帮助，她以自己为绳，结成以总统和第一夫人为核心的圈层，跟这些人站在一起的她，身价自然摆在那里。

　　回到开始的问题：怎么才能站在富人堆里？只有解决了这个问题，"你的社交圈就是你的身价"这样的提法才会有意义。而有意义的关键就是能上手操作、能直接实现价值。跟富人站在一起不是要你削尖了脑袋硬挤进去，也不是用各种手腕强行和他们站在一起；这样跟他们站在一起，是不会有任何意义的，甚至会被人耻笑。最多是你认识他们，但是他们却不认识你，或者更糟，他们以一种负面形式记住了你，那就更加得不偿失了。站在富人堆里的正确方式是主动为他们提供帮助。不要说自己只是个普通人，怎么能够为那些牛人提供帮助呢？回想一下上节的知识，就不会觉得这有多难了。为了保证能把这件事做得更加漂亮，尽量做到以下三个关键。

首先，斜杠一下。如果你是一个奋斗青年，应该不会对"斜杠青年"感到陌生。斜杠，我把它称为跨界，这里包括知识、教育层面的跨界，职业的跨界，或者通过自己的爱好、特长实现跨界，这些在实质上都没有什么不同。通过斜杠，你解锁一项新技能就等于是多了为大咖提供帮助的机会。比如作为"码农"的你，"斜杠"了兼职健身教练。那么在你的工作圈子里，不管那些大神的技术能够甩你几条街，在健身这件事上他们也需要你的帮助。然后他们就有可能成为你的贵人，在关键的时候助你一臂之力。

其次，不断精进。自我的迭代，其实就是自我的成长。当你自己已经迭代成升级版时，围绕着你的圈层自然也会跟着升级。比如大家熟悉的 Facebook 首席执行官谢莉尔·桑德伯格女士，她最初也是一个职场小白，但是通过不断迭代自己，先是到谷歌从业，之后又努力奋进，当选了 Facebook 的首席运营官，到后来成为全球杰出女性代表。她的努力不断为她自身升级价值圈层。

最后，穿针引线。在用绳律来拓展资源的时候，不仅要具有向内求索的精神，还要学会向外界借力。比如你有一个朋友是某医院的儿科医生，而另外一个朋友刚好有个宝宝。那你就可以通过自己的介绍帮他们建立一种联系，但切忌用帮忙的形式。要知道作为一名医生，每天都会碰到大量通过熟人和朋友介绍来向他寻求帮助的人。如果你也这么做，就很有可能会被他找借口推托掉，而且这种情况出现多了，你们之间友谊的小船也就倾覆了。你这就不是在拓展资源，而是在损毁资源。正确的做法是运用利他思维做这件事，就像上文所述，把单纯请人帮忙这件事变成双赢或者多赢。

这就是绳律。需要注意的是，我们认同人脉很重要，但是并不赞同过度依赖人脉，更不提倡使用各种所谓的社交手腕来强行挤进富人堆里。不管是"斜杠"还是精进，都是为了让自己变得更好，能掌握更多为你的贵人提供帮助的机会。也只有你自己变得更加优秀之后，来自圈层的助力才能体现出最大的价值，你在奋斗这条道路上才会有更多选择。若你不够强大，再多的帮助也于事无补。如果你现在还不是一颗珍珠，就要有甘于做那根绳子的觉悟。但是做绳子也要有自己的长处，也得具备珍珠不具备的优势，也得能为他们提供帮助。**绳律，付出是一种心态，利他是一个角度，能助人是一种能力，三根支柱缺一不可。**

04

摆脱路人甲困境只需要 5 步

很多人都想拥有强大的人脉资源，于是就想方设法来结识各个行业的大牛，并以自己通信录中有 ×× 的联系方式为傲。但实际上，这种从社交场合得来的某位陌生大牛的联系方式，并不是真正的人脉，然而这样的假象往往到自己准备用来"变现"时才会被戳破，而且十有八九都会发生在一种非常尴尬的场面中。如在电话里热情地跟对方寒暄，说了半天对方还是想不起来他到底是谁；或者干脆直接找上门去，跟人家熟人似的攀谈，对方却只挤出一丝尴尬而不失礼貌的微笑。一旦遇上这种情况，那就不难想象他成事的概率了。他们确实一起吃过饭，或者一起参加过什么活动，他们之间也确实有过交谈，对方不仅给了他联系方式，也许还说过"需要帮忙尽管开口"之类的话。然而，对方不过是出于社交礼仪在说一些场面话罢了。当一方还在津津乐道这些细节的时候，另一方早就将此忘到九霄云外了。这就是我们常说的"你把人家当朋友，而人家只把你看成了路人甲"。这在年轻人当中是非常常见的情况，尤其是那些没钱、没权、没背景的"三无"青年，对这样的窘境早就司空见惯了。为什么会这样？这就是社交关系的不对等，原因就在于各自资源的不对等。占有强大资源优势的一方在另一方眼里等于是自带主角光环，他的每一个细节都会被另一方记住。而处于资源劣势的那一方在对方的眼里，完全就像是群演中的路人甲，离开相遇场景之后根本就没有被想起来的可能。那么这种尴尬的社交困境到底能不能破呢？当然能，现在我就给大家分享一个社交的催化剂，只要做好这 5 步，就能把路人甲演成一个角儿。虽然没有主角光环，但是可以摆脱尴尬的路人甲困境。

当你已经找到你想结识的目标对象的时候，接下来要做的事就是快速拉近你和对方之间的距离，将对方迅速从陌生人转化为你的人脉。从陌生人开始发展的人脉关系，一般来说属于人脉圈中的弱关系，我们需要为这种弱关系逐步建立起强连接，有效拉近与目标对象之间的距离，从而将弱关系转化为强关系。这种强关系，可以按照以下几步来建立：

第一步：给对方足够的安全感

不信任感是关系升级最大的障碍。很多时候，陌生人之间之所以保持距离和沉默，很难敞开心扉畅所欲言，是因为人们对不了解、不熟悉的事物天生抱有不信任感。因此，转化陌生人脉的第一步，就是要化解这种不信任感。这就需要注意人际交往过程中的重要细节，用这些细节化解对方的不适感，消除对方对你的不信任感。

人为什么会对陌生人保持警惕？这其实是一种自我保护机制，一旦对方判断你对他很友好，没有威胁，他就会放下防备，所以，你一定要给对方留下良好的第一印象。如果你面对的陌生人是一个重要人物，那就更应该如此，因为重要人物都将时间看得特别重要，他们没有时间关注你的长期表现，所以在初次见面的时候，你就要打动对方。良好的第一印象，80% 取决于外表。外表不是指长相，而是指你的着装、体态、神情、举止等方面的细节，甚至包括你说话的音调、语气、语速、节奏，这些都是需要精心修饰的部分。如果你看起来就像是一个成功人士，别人一开始就不会猜测你是个失败者。

第二步：热情，但是要有分寸

一定要主动交流，先发出友好的信号。一方面，被动可能会让你流失 80% 的潜在关系；另一方面，主动的人往往能够主导聊天进程，在变陌生为熟悉的过程中，这就等于成功了一半。对于处于资源劣势的一方来说更应该主动，你不主动，对方很难从人群中注意到你。所以要想把双方的关系进一步深化，你就得主动，就得热情。不过你的主动和热情一定要把握好分寸，否则对方难免会有一种被冒犯的感觉。要想把握好分寸，就要善用微笑的表情、赞美的语言，保持自信、放松的对话状态，不要把对方当成陌生人，而要像平常和朋友聊天一样，慢慢地，对方就会接收到这一点，和你一样放松下来。其中可以用到一个小技巧，你可以有意暴露自己一些无伤大雅的小缺点，适当自嘲，这会更容易让对方对你产生亲近感和信任感。

第三步：主场转换，把主动权交给对方

对方是一场晚宴的主人，而你是受邀的来宾也好，还是你们都是受邀而来的宾客也好，不管在什么样的场合，资源劣势的一方，总是要主动承担起破冰的任务。这就等于开始时，主动权是在你的手里，但是当对方对你有了还不错的印象，感觉渐入佳境的时候，你一定要抓准时机把主动权交出去，让对方找到主场的感觉，只有这样，对方的情绪才能被充分调动起来，对方对这次交谈的印象才会很深刻。要想让对方顺利地接过主动权，你应该在和对方交流之前，先认真观察对方，包括对方的外貌、着装细节，找到交流的切入点。而后在交流的时候，态度认真诚恳，多问，少说，尽量引导对方谈论对方自己。在谈话的过程中，要了解对方的需求，及时给予反馈。同时，为了避免对方没接过主动权而造成尴

尬，你最好在平时就为自己准备一份谈话清单，上面列举和目标对象聊天时可问的问题、你擅长的话题，以及被问到某些问题时常用的回答。按照这张清单，经常自我训练，及时更新，就能做到自如应对。

第四步：麻烦一下别人，让感情在相互帮助中升温

一直以来老师和家长都在试图告诉我们一个做人的道理：千万不要给别人添麻烦。不过，在修炼高情商的道路上，不仅不要害怕给别人添麻烦，而且在某种意义上，人情债绝对称得上是"关系神器"。人们总是在你欠我、我欠你，或者你还我、我再还你的过程中建立越来越牢靠的关系。当双方聊得越来越嗨，感情已经在快速升温的时候，你就应该适当地制造一些"麻烦"了，这并非是让你故意找对方的麻烦，而是巧妙地向对方求助一些小问题。不管是你麻烦一下他，还是让他麻烦一下你都会让彼此之间的关系更进一步。俗话说得好：只有相互欠着的两个人才会念念不忘。

但是无论是你麻烦一下他，还是让他麻烦一下你，都需要运用一些技巧。初次见面时千万不要直接牵涉金钱或者其他敏感事务，这样反而容易让对方心生警惕，觉得你别有用心。对于暂时还比较生疏的关系，举手之劳的程度会更好。比如对方有一些困扰，你就给予一些经验之谈；对方正在寻找合作机会，你就介绍一些朋友给对方认识；对方有某些爱好，你就介绍相关圈子给对方。与此同时，你也可以适当向对方倾诉一些自己的困扰，向对方征求意见，或者寻求对方的小小帮助。这一切一定要建立在仔细聆听的基础上，如果你要麻烦对方，就从对方的谈话中找出对方最得意的地方，然后引导对方用自己最得意的方式帮你一个小忙。如果你想让对方麻烦你一下，就从谈话中发现对方的需求，投其所好。然后你们之间的亲近关系就在这个互相帮助、互相麻烦的过程中慢慢形成了。

第五步：建立联盟，利用归属感将对方变成"自己人"

找到共同的标签，建立"联盟"。"联盟"这个概念是社会心理学家罗伯特·西奥迪尼在他的著作《影响力》中提出来的，是他研究的"影响力七大武器"之一。就是说，如果你能够和别人建立联盟关系，你就能够影响到别人。针对联盟关系，西奥迪尼提出了两个理念：身心合一和行动合一。简单来讲就是，你可以通过为自己和对方打上同样的标签，把对方迅速变成"自己人"。一旦成为"自己人"，陌生人之间最重要的信任问题、沟通问题就全都解决了。比方说，你们是老乡，哪怕只是来自同一个省份甚至相邻省份；或是同学，哪怕只是同一所大学的不同分校，也足以让你找到两人共同的标签。再比如方言、文化习俗、口味、共同的校园文化、学习环境等，任何一个标签，都能够迅速拉近彼此之间的心理距离。

摆脱社交中路人甲的尴尬处境，你需要做到以上 5 步。但这 5

步有一个基础，那就是，一定要学会站在对方的立场上来考虑对方的顾虑、感受和需求，然后一一满足。这就是我们一直在讲的利他，这一原则你落实得越彻底，你的主角光环就会越耀眼。

05

所谓人脉焦虑，不过是种假象

　　这是一个充满焦虑的时代，很多人都存在着不同程度的焦虑症状。最典型的三种焦虑就是知识焦虑、时间焦虑和人脉焦虑。焦虑的人越来越觉得自己知道得太少，要学的太多，为了不被时代抛弃，拼命把所有能接触到的书籍、课程收入囊中，只有这样才能感到心中稍安。他们一直在琢磨一个世界性的难题："时间都去哪儿了？"然后在手机里、电脑上装满各种时间管理类的软件，以为这样就可以锁住时间。他们的各种社交软件里已经人满为患，但还是没办法停止结交新"朋友"。于是就产生了一种说法：焦虑是一种精英病，你焦虑恰恰说明你优秀，你在追求上进，你是一个奋斗者。

　　对这个问题你们怎么看？在我看来，这种说法只说出了愿望却没有道出结果和真相。我们得承认，有知识焦虑、时间焦虑和人脉焦虑的人，他们之所以焦虑，是因为他们有想变得更好的愿望。但是这并不等于说他就是一个奋斗者，只能说他有一颗想要成为奋斗者的心。而这不是结果。为什么这么说？因为我见过很多焦虑者到最后不但没变成奋斗者，反而变成了一个终身焦虑者。他们大概的发展轨迹是这样的：只知道自己要学的东西很多，却不知道多到什么程度，于是常常会匆忙买入各种课程，但是买了之后就没了下一步，紧接着又赶着去买下一门课程去了；手机里明明有很多时间管理类 App，时间却越管越少；遇到自己无法解决的事情时总是不知道该找谁来帮忙，越来越觉得自己人脉不足，然后开始疯狂结交各路大牛，可是他却不知道，自己的通信录中其实早就有能够为自己提供帮助的人。

　　这些终身焦虑者，都有一个相当逼真的奋斗者假象，他们的忙碌通常可以感动到自己，这是他们继续忙碌下去的动力。但是他们真的算不上是一个纯粹意义上的奋斗者，真正的奋斗者的焦虑是暂时性的。终身焦虑者的焦虑已经陷入了一个死循环，如果不能打破这种死循环，就永远不会有出头的那一天。那么这种死循环又该怎么去打破呢？三种焦虑自然需要三种不同的方法，前两种关于如何精进自己完成迭代升级的内容，我已经在我的第七本书《加速：从拖延到高效》中详细介绍过，在本书中我们来解决第三种焦虑——人脉焦虑，我把它叫作人脉饥渴症。**人脉饥渴症其实并不是人脉真的不够，而是你感觉不够。**那么治疗人脉饥渴症的具体方法是什么？就是"10/20/150 法则"和**年度人脉关系管理系统**。学会了这两个方法，你就不会轻易陷入"明明身边有大把的资源，却总因为资源太少而焦虑"的困境。

10/20/150/ 法则是做什么用的？就是用来管理通信录的。从这一点来说的话，也许会有人觉得不屑，因为自己的手机通信录已经做了严格的分组，还加了标签，医生、教师等行业信息标注得非常清楚。他们认为给通信录联系人加了标签，就是做好了人脉管理，但其实远远不够。

要想管理好自己的人脉，一定要学会运用 10/20/150 法则。10，20，150，一共是 180 人。也就是说，你并不需要维护好所有的人际关系，只需要管理好与你人生中最重要的 180 人的关系，而且这 180 人绝不是固定清单，一定是不停地变化着的。因为你在不断成长，随着你目标的实现，遇到的人也在不断地更新变化。我们来看这个法则的用法。

10 人管理法则，这 10 个人是你的至亲至爱，他们是永远不会跟你翻脸的人。他们的存在超越了交换价值，你愿意无条件付出。比如你的父母、伴侣、子女、生死兄弟和不会对你背信弃义的朋友等。这些人跟你在一起的时间最长，你与他们的关系也超越了对普通朋友的信赖，那么管理与这些人的关系的方法要以真诚为依托，在他们的有生之年，你要用最大的努力去付出，比如对父母尽孝，善待自己的另一半。

20 人管理法则，这 20 人跟你今年要实现的主要目标相关。比如你的年终目标是加薪 5 万到 8 万，或者你想提升自己的演讲能力，那么你所建立的人脉资源就要围绕这个目标，把能助你实现目标的人列入 20 人名单。千万要记住，不能超过 20 人，因为管理人际关系是需要成本的，除了时间成本，还有精力成本以及财务成本。这 20 人中的每个人都需要你付出相应的价值。试想，在你对他们进行时间投入的同时，你就不能做其他事情，表面看花费的看似是时间，其实这就是在花钱——我们每个人每小时都是有固定时间成本的。如果你维护这 20 人的关系，那耗费的时间成本，其实就可以换算成你的金钱价值。所以这 20 人，一定要细细筛选，反复斟酌他们跟你的年度目标到底有没有关系。一旦确定 20 人名单，你就需要全情投入，而且还得用他们喜欢且能接受的方式投入。

150 人管理法则。我们每年都会认识很多人，但不是所有人都要成为你的朋友。150 人是 20 人的候补。一些人脉你可能今年用不上，但不代表你未来也用不上。它是你的人脉资源库。换句话说，你这辈子到底要成为怎样的人，跟这 150 人密切相关。值得注意的是，这 150 人并非是一旦列入名单就一直处于名单内。比如彼此关系发生破裂、遇到特殊事件等，都需要重新调整这 150 人名单。与此相对应的，在这一年间你需要反复修正与更新这 150 人的顺序，你需要知道自己把时间花给了谁，这非常重要。

10/20/150 法则也算是一种人脉分类，将人脉进行分类后，我们还需要进入下一步，也就是治疗人脉饥渴症的第二个方法：为自己建立一套年度人脉关系管理系统，也就是社会资本管理系统。**年度人脉关系管理系统是根据年度目标建立的，它属于未来你要实现目标的间接性实现方式。**那么该如何建立呢？你可以每年为自己制订一本专属的人脉关系管理手册，也就是我经常说的"社会资本"笔记本，运用工具来实现你人际关系的高效管理。

有了工具以后，我们首先要做的就是做标记，你要知道如何给别人打标签，在你的社会资本管理系统当中，要有一套自己打标签的方法，不要做类似于"同学 A"这种笼统的备注，因为过段时间，你就很难再记起这个人是谁了。标记对象时你可以留意两个范畴。

第一个范畴是对方个人的基本情况，如生日、喜好等，这里面有五个具体的标记点。

1. 你跟对方是什么关系。这个一定要描述清楚，这个关系不是你自己主观认为的关系，而是你们的真实关系，比如表面看起来你们可能是师徒，私下可能是朋友，你要列出你们双方都认同的关系。

2. 对方的生日，这里要记得做特殊标注。很多中国人的传统是过农历生日，不过阳历生日，所以你要搞清楚对方到底喜欢过什么生日，不要在错误的时间送上祝福。

　　3. 对方的父母和子女的情况，他的父母和子女分别是谁。 如果对方是你的 20 人序列中的一员，甚至是 10 人序列中的一分子，你一定要非常重视这个问题。

　　4. 喜好问题，即对方真正爱好什么。

　　5. 对对方来说非常重要的日子。 你需要在跟对方聊天的时候，留意这样的信息。比如高考的日子或者结婚纪念日等，因为在适当的时候，你可以巧妙地为对方庆祝。

　　第二个范畴是你跟对方之间的关系，需要进行标记和评价。 内容包括你们是怎么相识的，有哪些共同的朋友，共同的朋友在一定程度上会决定着你们的共同话题，还有对方的重要经历是什么等。

　　我们不管是对人脉资源进行详尽地分类，还是制订年度人脉管理系统，这都是一个过程、一种方法，本质上是对现有的人脉资源进行彻底地盘点并时时更新。有句话叫作"家里有粮，心中不慌"。之所以会因为缺少人脉而心慌焦虑，都是因为不知道自己"有粮"。通过仔细盘点就能把自己所掌握的人脉资源做到心中有数，所谓的人脉饥渴症自然也就能被治愈了。明白了这一点，"10/20/150 法则"和年度人脉关系管理系统才能发挥出更好的效果。

PART 04

第四章

跟圈外人交朋友，

高情商者的

圈层融合法

有多少种朋友，你就有多少种可能

先来讲一个故事，这个故事的主人公叫思颖，现在也是我的青创合伙人。这个故事发生的时候思颖刚刚接触高情商课程，正处于一边学习一边实践的阶段。一次她在微信上跟我说："萌姐，我有一个问题不知道该怎么跟你说。"通过这一句话，我就知道这是一个很会沟通的姑娘。为什么？因为她的开场白是"我不知道该怎么跟你说"，而不是"我有一些话不知道该说不该说"。这两者有什么区别吗？当然有。第一句话的潜台词是：如果我表达得不是很到位，那可能只是我表达的问题，而不是我要表达的内容有问题。你只要再给我一个机会，我就能把问题说得更加清晰、明了。

而第二种开场白的潜台词是：我要说的这些话我自己也不太确定到底是不是个好问题，它到底有没有价值。第二种是"授人以柄"的开场白，要不要开启这段对话，主动权完全交到了对方手里。如果对方此时不想谈这个话题，或者不是一个很好说话的人，对方很有可能会按下终止键。思颖的开场白不仅让对方没有封杀的机会，无形当中还为自己多争取了一次修正的机会。这个沟通技巧的巧妙运用，让她为自己争取了不少印象分。

我跟她说："别担心，想怎么说就怎么说。萌姐就是解决问题的，不会害怕问题。"果然，思颖接下来的讲述真的给我带来了惊喜，她说："萌姐，我发现不管怎么说，拓展自己的社交资源，其实就是在交朋友。而且我并不觉得跟别人交朋友有多难，我觉得自己还算是一个比较会交朋友的人。可是我只有在面对自己想要认识的人的时候才会觉得轻松自在，而与那些我没什么感觉的人交朋友，就会觉得很别扭。所以我的问题就是，我只想跟自己喜欢的人交朋友，对于其他人我不是不能，而是不愿意跟他们交朋友。我这样做、这样想是不是有问题？我也知道可能会有问题，但是我不知道到底是哪里出了问题。或者说我想要改变自己这种想法的话，我应该怎么做呢？"

"这真的是一个好问题，我应该向你表示感谢。"当思颖说完以后，我这么跟她说。

这确实是一个好问题，很多人都会遇到。既然这是个好问题，那就必须认真对待。要想好好解决这个问题，我们首先要明确两个事实。第一个就是，不管你是否注意到，也不管你是否把它当成问题，这都是一个非常普遍的现象，跟个体差异无关。第二个就是，这是由人的心理特征决定的，无关其他。遇上这样的情况既没有必要妄自菲薄，也没有必要刻意隐瞒或者死磕硬扛，而要正视它，接受它，然后才能寻求更好的解决办法。

认识到这两个事实之后，我们再来看大多数人的两种典型的做法。第一种，觉得这样就挺好。遇上跟自己同一类的人，跟他们相处比较舒适，那就跟他们交朋友好了。至于那些跟自己明显不是同一类的人，既然跟他们在一起感觉很尴尬，还没什么好聊的，那就不接近他们，或者干脆跟他们划清界限。那这么做会有什么样的结果呢？结果就是你的人脉圈会越来越像你自己，你们兴趣爱好相同，生活习惯相同，就连做事和思考问题的方式都是一样的。很多事情你不用问就能知道他们会有什么样的看法。这样确实会让人觉得很舒服，但是要想得到不同的意见，听到不同的声音可真是太难了。生活在这样的社交环境中，不仅不会碰撞出好的创意，而且时间久了还会感到孤单；虽然是一大群人在一起，但是这些人就像是复制粘贴版的自己。想象一下这样的画面，是不是有种诡异的感觉？这种顺应本能的做法其实还挺可怕的。

那么另外一种做法呢？一心想让自己走出心理舒适区，敢于跟自己的本能死磕硬扛，看起来对自己非常狠，但是这么做又会有什么样的结果呢？其实早在很多年之前就有人给出了答案。

美国心理学家西奥多·纽科姆曾经做过一个实验。他们在大学附近租了一幢公寓，然后把不同类型的人放在同一间屋子里住。当然在这之前他通过问卷的形式对他们的性格、爱好有了一定的了解，并跟学生们说只有服从他的安排才能免费入住。一个学期以后，这些住在同一间屋子里的不同类型的学生不仅没有成为朋友，反倒反目成仇了。与此同时，他还在另外的一些房间里安排了一些明显就是同一类人的学生。而这些学生在经过一个学期的相处之后都成了形影不离的好朋友。出现这样的结果大家应该不会感到意外，因为我们都有跟不同类型和同类型的人相处过的经历。

那么到底要怎么做才能解决这个问题呢？顺其自然不行，跟它死磕更不行，那怎样才行呢？我们需要明白一个道理：**人之所以不愿意跟不像自己的人交朋友，并不是不知道跟互补的人交朋友的好处，而是担心跟他们交朋友会受到伤害或遭到拒绝。**在得到足以消除被伤害或者被拒绝风险的保证之后，我们都更加倾向于去结交跟自己不同的人，从而接触到更加多样化的生活和思想。以前之所以拒绝，是因为我们对那些不像自己的人的生活和思想知之甚少，不知道跟他们接触之后会面临什么。同样的，对方在接触到跟他们不一样的我们时，心中也会有同样的顾虑。身处这种场景下的人就会被"黑暗丛林法则"支配，在无法判断对方意图时都会本能地提防甚至主动出击。在这种情况下，还谈什么交朋友呢？反目成仇的可能性会更大一些。

那么弄明白到底是什么在阻碍我们跟不像自己的人交朋友后，我们该如何破局呢？以下是几个切实可用的破局方法：

1. 降低你的攻击性

这并不是指你真的具有多么强的攻击性，而是指那些有攻击性嫌疑的行动和语言，哪怕只是一个表情。在同类人的群体中，你也许不用太在意这些，因为你们是同一类人，他们绝大多数情况下都能猜到你心里是怎么想的，你的这些言行并不会引起他们的误会。然而在非同类的人面前，被误解的可能性就会大大提高。他们对你知之甚少，只能从你的言行和神态上做出判断。这时候你就得十分小心，类似于"恕我直言……""我不是针对谁……""我这人说话直……"这样的句式就不要再用了，这样的开场白后面的话更不能说出来，否则你这个想要结交互补性朋友的尝试，多半只能以一种非常难看的方式结束了。另外，那些类似于紧紧盯着对方或者双手抱胸这样的举动也要绝对避免。

2. 在不同中寻找相同

有句话叫作"这个世界上不存在完全相同的两片树叶"，同理，这个世界上也不会存在完全不同的两个人。这也就是说你和一个非同类的人肯定存在一些相同的东西。这就是你和对方之间发生联系的关键媒介，找到了这个媒介，就等于找到了你们开启一段关系的按钮。只要轻轻按下，就能拥有一个跟你互补的朋友。比如，你是个设计师，对方是个客服经理，你们的职业不同，可能"三观"也不同，但你们有可能是校友，或者是老乡，抑或是同一个星座。不管是什么，总有一点是你们两个人身上都有的，你的任务就是找到这一点。

3. 如果有个"月老"，那就更好了

两个完全陌生且不像的人，如果他们之间有一个共同联系人，那么建立关系就会容易很多。不管是对你还是对对方来说，有了这个"月老"替你们两个人的人品和能力背书，就等于是得到了保证，有了这样的保证大家自然也会乐于结交不同的朋友了。所以，如果有可能，找一个你们的共同联系人做你们的"月老"。

以上就是结交能够互补的朋友的几个非常好用的方法，巧妙地运用这些方法，我们就能从容地去面对与我们非同类的人，就可以多样化地拓展我们的人脉圈，从而见识到不同人眼中的世界，碰撞出更多的创意。

第二节

02

六度分隔，帮你拆掉圈层的壁垒

　　我曾经看过一篇文章，标题是"过年回家，如何给圈外人解释智能合约"。在此提到这篇文章，并非要为这篇文章的作者背书，因为我不认识他，也不是想向你介绍什么叫作"智能合约"，因为这跟我们修炼高情商没有直接联系。我想说的是，这个标题中有一个词叫作"圈外人"。在作者看来，对于"圈内人"来说这篇文章最核心的内容"智能合约"应该是一个入门级的概念，但是即使如此，"圈内人"要想把它跟"圈外人"讲明白，也是件极其考验功力的事情。看得出，这篇文章的作者应该是功力不俗的"圈内人"，也着实花费了一些心思尽可能地把话说得浅显易懂。但是作为"圈外人"，我还是没能弄明白。那么问题来了，这到底是为什么呢？因为我智商太低？理解能力有限？从我过去的学习和工作经历来看，我的智商和接受新知识的能力还是可以的。难道是因为专业知识储备不够？也许有这方面的原因，但是这不是主要的。最重要的原因是什么？就是这个隔开"圈内人"和"圈外人"的壁垒。圈子里面是一个世界，圈子外面又是另一个世界，圈里圈外的世界迥然不同。为什么？因为圈子内外的信息是被完全阻断的，是不流通的。这种现象就是我们通常说的"圈层壁垒"，每个圈子就像是一个独立的王国，王国之间被一道道壁垒相隔，颇有几分小国寡民、老死不相往来的意思。

正因为圈层壁垒对信息的隔断，圈内人的常识对圈外人来说却成了玄之又玄的东西。这不是一种良好的社交状态，跟我一直提倡的生态社交理念相去甚远。什么是生态社交？首先我们回归到"生态"这个词最早的语境。我们在了解自然生态环境的时候应该听过一个概念叫作自然生态系统。我们以其中的森林生态系统为例，那么什么是森林生态系统？比较官方的解释是：森林生态系统是森林生物与环境之间、森林生物之间相互作用并产生能量转换和物质循环的统一体系。这里面有非常丰富的生物种群，各种群之间是一种既独立又相互依存的关系。当能量在物质的各个种群之间稳定交换的时候，这个生态系统才是健康的。我所提倡的生态社交，就是这样一种社交形态：**一个健康的生态社交系统内必须存在着多样化的**

圈层，各圈层既保持各自的独立性，又能让信息和资源在它们之间稳定地流通，并在流通过程中产生价值。没有相对独立、多样化的圈层，这不能算是生态社交；信息和资源在各圈层之间不能自由流通，这也不算是生态社交；信息和资源在流通的过程中不能产生价值，这更不能算是一个稳定的生态社交系统。缺少其中任何一个特性，这个社交系统就不够健康，也不够稳定。

因此，拆掉圈层壁垒就是建立生态社交的重中之重。能否拆除圈层间的壁垒，实现信息和资源在圈层之间的有效流通，决定着你的生态社交能否变成现实。那么，我们要用什么来拆除这个壁垒呢？以下跟大家分享一个拆除圈层壁垒的"神器"：六度分隔理论。

六度分隔理论在前几年属于比较热门的话题，大家应该都不陌生。关于它的出处在此便不再赘述，用一句前几年比较流行的说法对六度分隔做一个整体的概述——"只需要通过六个人，你也可以认识奥巴马"。当这句话广为流行的时候，奥巴马还是美国总统，他绝对是个热门人物。听起来足够神奇吧，只需要通过六个人就可以认识这样一位人物，还敢再神奇一些吗？然而，这并不是瞎说，著名传媒人、电视主持人梁文道先生就曾在节目中谈到过这样的观点。这也就是我把六度分隔理论看作拆除圈层壁垒神器的原因所在。

这么神奇的事情是怎么做到的呢？说起来也不难理解，就是你认识一个朋友，你的朋友认识另一个朋友，然后这个朋友刚好又认识其他朋友。如此这般，通过六次人际关系的接力，目标就实现了。至于到底能不能真的认识奥巴马，目前还没有人做过实验，但是想要通过这种方法认识能够给你带来助力的大牛还是可以实现的。这个六度分隔理论在 20 世纪 60 年代已经被提出，据说现在因为社交的网络化，找到你想结识的大牛已经不需要"六度"了，只需要"三度"甚至更短就能实现。但是这些并不重要，六度分隔理论被看作是拆除圈层壁垒的神器，大家所看重的并不是它的"六度"或者"三度"，而是这个理论得以成立的核心："网状连接"。

六度分隔理论只是一种客观理论，它是对人际网的具体描述。六度分隔理论对于我们拓展人脉的作用在于，它给出了一种可能性，让我们用一种互联的网状思维重新打量我们的社交形态，然后把它变成我们所希望的那个样子。这种改变所带来的价值产出是我们想象不到的。那么，怎么才能实现呢？下面便是具体操作方法。

1. 社交的丰富性和多样化

我对所有青创合伙人都有一个要求，因为他们是高情商课程的践行者，我要求他们首先要做到社交的丰富性和多样化，这是建立生态社交的基础。幸运的是，在网络社交工具高度发展的今天，这并不是难以做到的事。怎么判断自己的社交资源是不是合乎要求呢？我在要求他们做到这一点时，都会问他们一个问题：如果你想做一些跟自己的专业和职业不相关的事，能不能找到合适的人来帮你？这种跟自己的职业不同却又能有合适的人来帮你的事情，你能想出几件？这种事情越多，说明你的社交资源的多样性就越高。如果除了专业和职业之外，你就不认识什么人了，那么很遗憾，你已经被单一圈层同质化了。

2. 分析，给你的资源做个"体检"

如果你的社交资源够丰富，接下来要做的事情就是为你的资源做"体检"。把自己的社交资源归纳成几个不同的圈子，然后再对他们进行分析。怎么分析呢？就用本书前面提到过的价值思维的三个点：他们是谁？他们能提供什么？他们需要什么？这个分析不是要细化到每一个个体，而是要抓住这个圈层的主要特征，不过，对这个主要特征定位越准确越好。比如说，这是一个工程师社群，这就比较笼统。如果改成这是一个三十岁以下、多数为单身的工程师的社群，这就比较细致也更加准确了。只有定位足够准确，下面的"他们需要什么""他们能提供什么"这两个问题的答案才能更准确。我建议你拿出一张纸，把分析的结果都写在上面，以备用。

3. 匹配，让资源流动起来

我们之前习以为常的存在圈层壁垒的社交形态是什么样的？是环状的，都是一个一个的圈。比如我们很多青创合伙人手上都掌握着非常可观的社群资源，开始时，这些社群中的大部分是以这种环状形态出现的，每一个社群都是一个单独存在的个体。现在我们就需要用"六度分隔理论"的"网状社交思维"来拆除它们之间的壁垒，让信息和资源流通起来。具体的做法就是把他们各自的优势和需求重新匹配，让资源和信息在需求的引导下突破圈层壁垒的隔断，实现自由流通，并在流通中产生新的价值。

这就是应用六度分隔理论拆除圈层壁垒的三个步骤，这背后的逻辑就是应用六度分隔理论的网络社交理念把原来的圈层当作纬线，以他们各自的价值优势和需求作为经线结成一张网，让各个圈层内的信息和资源沿着这张网在各圈层之间自由流通。这既保证了各个圈层的独立性，又实现了圈层间资源和信息的共享，并在共享当中不断产生新的价值。这就是生态化社交。做到了这一点，你的人脉价值将会倍增。因为在这之前你只跟生态当中的某一个圈层的成员间保持着强联系，跟其他圈层的成员之间只是一种弱关系，弱关系其实是不能算作有效的人脉资源的。但是你的生态化社交一旦建立，每一个生态内的个体都将共享到丰富的资源和信息。他们一旦因此获益，跟你之间的关系就会变成强关系，他们就会由"仅仅认识"变成你的有效人脉。

03

把认识一个人变成得到一个世界

虽然圈层壁垒对人脉资源有很大的限制，而我所倡导的生态化社交天生就具有逆圈层化的特点，但是这并不等于我们要否认圈层存在的价值。恰恰相反，不仅不能否认，而且要重视它的价值。**我所说的生态化社交，并不是要否认人脉圈子的价值，而是要用另外一种思维为它赋能。让它在一个更多元化、更加开放的平台上发挥更大的价值。**而这个重新赋能的切入点就是它们之间的壁垒，这也是生态化社交会给人一种反圈层感觉的原因。但是我相信，看完这一节内容后，你就不会有这样的感觉了。

我们先来说一下本文将要为你解决的问题：我的

人脉圈同质化很严重，我认识的都是同一类人，但自己又没时间和精力去结识圈子外面的朋友，这个局又该怎么破？

这种表述问题的方式看起来有些过于抽象。不如我先来讲一个故事，然后再分享破局的方法。

我之前认识一个创业者叫博远，他有很强的技术能力，能够独立开发产品，也在创业早期拿到了一笔天使投资。他最大的困扰就是找不到合适的合伙人来组建团队，他自己的人脉都是技术圈的人，他本人又不善交际，想找到与他能力和性格互补、价值观一致、又擅长市场运营的合伙人，完全不知道从何下手。他在听我讲生态化社交的时候，就觉得"萌姐说的简直是太对了"。他觉得自己就是个非常典型的圈层壁垒的受害者，所以在课后他就迫不及待地找到我，当然，他可不仅仅是来表达一下自己的心情的，在表达完心情之后，"顺便"说了一下自己目前的困境：

"萌姐，我觉得您在课上说的都很有道理。如果我能像您说的那样，手上有这么多不同类型的资源就好了，我就可以用您教的方法去打通圈层壁垒了。然而我的处境就是您说的很尴尬的那种。我所认识的人全部都是做技术的，但是我根本就不需要技术支持呀。我自己就是做技术出身，而且不夸张地说，我的技术比他们绝大多数人都要强。我需要的是懂运营的高手，但是我连一个懂运营的人都不认识。您说像我这种情况，该怎么办呢？反正让我从现在开始慢慢结识一些懂运营的朋友是来不及了，而且我对那些猎头介绍来的人也不是特别放心。您知道，像我这样的创业者，试错成本是非常高的。我实在不敢把这也许只有一次的机会，压在陌生人介绍的人身上。"

这是一个非常棘手的问题，人脉积累原本就是一个比较漫长的过程。现在他的问题有两个难点：第一，需要结识多个懂运营的人，然后才可能有选择的空间；第二，他的时间有限，一个一个地去结识显然不太可能。那么，这么棘手的问题到底能不能解决呢？结果远远超出了他的预期，不仅找到了合适的合作伙伴，还在这个过程中认识了不少做运营的朋友。虽然在后来的创业道路上，他依然主要负责技术方面的事情，但是通过跟这帮新朋友的接触，他已经不是之前那个对运营一窍不通的小白了。

怎么做到的呢？按照我解决问题的逻辑，听完博远的讲述后，我并没有直接告诉他该怎么做，而是先问了几个问题。我问他：在这之前做过哪些努力？他说通过网络搜到了几个运营方面的大牛，但只是简单聊了几句就没有下文了。然后又找猎头公司推荐了几位，也没有找到合适的人选。我又问他：真的把身边所有的资源都考虑过了吗？真的确定找不到可以帮忙的人吗？他说是的。他说自己不是一个很懂交际的人，平时所有的时间和精力全都用来钻研技术了，所以除了做技术的人，他几乎没有别的朋友。

我们先来分析一下为什么博远之前的努力没有得到想要的效果。这里我需要重申我的观点：**并不是所有能被你找到的人，都能**

称为人脉资源。真正有效的人脉必须是建立在对对方人格深入了解和对对方价值的客观认识基础之上所形成的关系。 只有同时满足这两个条件，他们之间才能建立真正意义上的合作。现在就用这个标准来对照他之前的努力，就算是作为旁观者的你，也能很容易就发现他得不到预期效果的原因所在。在社交网络如此发达的时代，只要你有心，想找到一两个大牛真的是再简单不过的事情了。但是，在这种贸然找上门的情况下建立合作的可能性真的是太低了，尤其是对只知道钻研技术不注重个人品牌经营的博远来说就更难了，因为对方对你几乎一无所知，更别提信任了。那么，猎头公司推荐的人呢，也没有合作的可能吗？客观地说，通过可信的猎头公司推荐，然后建立合作还是比较靠谱的事情。不然猎头公司也就没有存在的价值了，但是在这种情况下建立的多是雇佣关系。想要找个靠谱的合伙人，尤其是公司处在刚刚起步的阶段时，通过猎头公司实现目标的可能性也比较小。为什么？猎头公司能帮你了解这个人过往的工作成绩，却不负责帮你了解这个人的人品和"三观"。如果是雇佣关系，那就比较好办，对公司来说，公司是能够承受这个试错成本的；对应聘方来说，有一家公司为雇佣方的人品背书，应聘方也是完全能够接受的。而博远的这种情况就不具备这样的条件，既没有一个成熟的公司为博远的人品背书，博远又没办法承受这种试错带来的后果。谈不拢是再自然不过的事情了。

但是博远对第二个问题的回答，却真实地暴露了自己不善交际的状况，不仅不善交际，还不能充分应用手上的资源。我跟他说，我刚好认识一些做运营的人，而且这当中还有不少高手。更重要的是，我还可以为这些朋友的人品背书。但是我并没有把这些朋友一个个地介绍给博远认识，一是因为这样对博远来说时间成本太高了；二是因为这些被介绍给博远的朋友自己也会有一种被人家过筛子的感觉。这不符合我维护社交关系的基本原则。我的方案是，让博远准备了一节讲给运营人员听的技术课，然后把一个运营社群的负责人介绍给博远，博远就在这个社群里给运营精英们讲技术课，后来还组织了几次线下的聚会。在交往中，各自的水平和人品逐渐就看清了。看似跟结果没有多大的关系，但是一切都在悄然发生着变化，等博远跟其中一个朋友提出合作意向时，双方一拍即合，似有相见恨晚的感觉。

通过博远的故事，我希望你至少能明白两点：

第一，任何问题的解决都是一套组合拳，单靠一种方法是很难彻底解决问题的。你应该有一种组合思维。本书所分享的所有技巧，你都应该放在自己的知识宫殿中，遇到问题时，把它们组合在一起使用，这样解决你所遇到的新问题就会容易得多。比如我在解决这个问题时，这里面既有价值锚点的定位，又有利他思维的运用，然后再是我接下来将要分享给你的这个方法。

第二，快速建立生态思维的法则——裂变法则。就是指通过一个人，高效结交一群人。

这是对圈层另一种形式的运用，对于人脉资源多元化的人，方法是：应用六度分隔的"网状思维"打破圈层壁垒，打造自己的生态化社交形态。而对于像博远这样人脉资源单一的人，方法就是通过裂变法则，应用圈子本身所具有的信息、资源高度集中的特点，把认识一个人裂变成认识一群人。在与别人的互惠互利关系构建中，共同打造生态化社交平台。而要做到这一点，就一定要学会充分应用你的社交资源。其中有几种资源是不可忽略的，请一定记住：你的家庭资源、同学资源、后天培训和学习过程中所积累的资源。这些资源，都能带给你意想不到的惊喜。希望你在遇到这类问题的时候，千万不要再犯博远这样的错误。

第四节 **04**

永远不要想着跟所有人交朋友

我在讲述生态化社交的时候说过，只有多元化的社交思维才能打造多元化的人脉资源，而要做到这一点，就要尽自己所能结交能跟自己形成互补的朋友。但是，接下来看过他们的复盘和分享之后，我觉得有些问题必须拿出来晒一晒，然后再给出一个更详细的原则。我们来看分享：

"以前总是有个问题想不明白，明明自己身边有那么多朋友，可是到需要帮忙的时候却没有能帮得上我的人。一开始我觉得可能是我们之间的关系不够好，他们可能不太愿意帮我。直到听萌姐分享了生态化社交概念后，我才豁然开朗。问题并不在别人那里，并不是别人不肯帮忙，而是我们都是一样的人，在他们能帮忙的地方，有可能我比他们做得还要好。而那些我需要帮忙的地方，他们跟我一样也是小白。根本就不是他们不肯帮忙，而是我的人脉资源太单一了。

"所以，当听萌姐讲到生态化社交的时候，我简直如醍醐灌顶。萌姐还说，一定要结交跟自己不同的朋友。所以我就开始用下班时间，有意识地结交来自不同领域的朋友。采用萌姐教给我的几种方法，通过这段时间的努力，我的世界发生了很大的变化。多了很多其他领域的朋友，不只是人脉变得更加多样化了，了解的信息也比过去丰富了不少，眼界也变得更加开阔了，这些都是收获。接下来，我再来说说自己感觉不足的地方吧。目前感觉做得不够的就是，我的格局和修养还不够高，对于有些人和事确实做不到真正地认同，当然也没办法让他们对我有好感。接下来，我一定会再接再厉，进一步提升自己的格局和修养，让我的世界里没有不能结交的朋友！"

……

类似这样的分享，真的不少。听他们谈到自己的不足和要进步的决心时，我心里其实是恐慌的。我为他们已经取得的成绩感到欣慰，但是我真的担心他们接下来会拼尽全力来实现"让我的世界里没有不能结交的朋友"这样的梦想。因为这是一个既不可能做到，也完全没有必要去做的事情。就像那句话说的，"你不是货币，没办法让所有人都喜欢你，就算你是货币，也还有视金钱如粪土的人呢"。另外我们做任何事情一定要讲究成本，有些成本太高的事情就算是有做成的可能也没有去做的必要。就像我们在营销上经常提到的"流量成本"，一种营销形式获取流量的成本一旦超过某个标准就必然会被抛弃。关于社交的投资思维，我会在本书后面专门用一个完整的章节来讲述，现在我要告诉你的是：想把所有人都变成自己的朋友这种想法是非常可怕的，既不现实也没必要。谁一旦有这样的想法，想要在这方面拼尽全力的话，结果肯定是得不偿失。

所以，必须明确一点：**生态化社交主张你跟不同于自己的人交朋友，但并不是要你跟所有人交朋友**。想要跟所有人交朋友的想法很可笑，这种念头必须马上打消。为什么我在前面极力主张你跟不同于自己的人交朋友，现在却又说不能有跟所有人交朋友的想法呢？我们先来明确一下你要与之交朋友的这个"不同于自己的人"到底应该是什么样的人。他们可以是与你不同职业的人、不同背景的人、不同性格的人、不同目标的人、不同思维方式的人，在这些方面你们都可以存在不同，也正是因为这个不同，你才能丰富自己的人脉资源。但是这些不同必须是建立在一个相同的基础之上的，这个基础就是相同的价值观。这是你们能够成为彼此有效人脉的基本条件。如果你们之间没有这个基础，那么不仅不会成为彼此有效的人脉资源，还很有可能会成为彼此社交的障碍。

就像我经常说的一句话：**作为刚刚走上社会的新人，虽然我们看起来仿佛一无所有，但是我们有积极向上的价值观，通过这种价值观，我们可以把很多跟我们"不同"的人聚集在一起。**我这里所说的"价值观"是指你对是非对错的认知。比如，我们青创大会中的青创合伙人来自全国各地的各个行业，为什么这些看起来很不相同的人能够走到一起，成为青创合伙人？一个很重要的原因就是他们都是我的学生，都在下班加油站共同学习打卡，养成了好习惯。仅仅是早起打卡这一项，每天就会有几十万人在共同坚持。可以想象，这些来自全国各地每天坚持养成好习惯的人，虽然相互之间都有很大的不同，但他们彼此可以形成互补。他们能不能成为对方的有效人脉呢？当然可以。因为他们是每天一起早起打卡的奋斗者，在这一点上，他们都是一样的。但是，我知道你所面对的人绝对不只是这些同在下班加油站学习的人，作为一个奋斗者，怎么判断对方是不是拥有同你一样的价值观呢？以下几个标准供你参考：

1. 凡事必称公平的人

有一句听着多少有些心酸的话：别让孩子输在起跑线上。这句话就是说给那些处于劣势的孩子的父母听的，很多父母仅仅是为了让孩子能跟别人站在同一起跑线上就已经耗尽了所有。这种现象的背后是什么？是这个世界上从来就没有绝对平等的现实。而只有认识到这一点，能够坦然接受，并愿意用行动提升自我的人，才有机会改变命运。但相对应的，那些动不动就说这不公平、那不公平，凡事都要求在一个绝对公平的条件下才能开始奋斗的做法，是心智不成熟的表现。这样的人，就不要在他们身上浪费太多的时间和精力了。他不会是那个对的人。

2. 为反对而反对的杠精

"杠精"这个词是近期开始流行的，但是杠精这类人却不是最近才有的。我们的生活中从来不缺杠精的身影，他们是一个永远拧巴的矛盾体。他们好像从来都不会赞成什么，也不会反对什么，但是同时又好像既赞成一切又反对一切。他们的观点永远取决于对方的观点，只要对方是赞成的，他们就会反对；而只要是对方反对的，他们就会赞成。他们时不时还能"妙语连珠"，就算是歪理邪说也能被他们说得有模有样，看起来好像是一些智商比较高的人。其实，他们不过是把那点小精明都用来刷存在感了。好像在跟别人顶牛儿的过程中，体现的就是全部的生命价值。

3. 苟且尚且不能，却一心向往诗和远方

生活不只是眼前的苟且，还有诗和远方。这句话现在非常流行，尤其是在一些看似高举"奋斗"大旗的年轻人中，就有一些人扛上了这面大旗，在最该奋斗的时候选择了安逸。嘴里念叨着这句流行语，用刚刚挣到手的那点工资奔赴自己的诗和远方。其实，就这点有限的收入而论，应付眼前的苟且都稍显不足，奔赴诗和远方

就显得更加荒唐了。但是他们总能找到更加荒唐的办法，要么就是自以为新潮的穷游，要么就是找个人替他们负重前行。而这个能替他们负重前行的人，除了父母就不会再有其他人选了。如此荒唐的人怎么能够与奋斗者站在一起呢？

4. 放大努力，却从来不谈结果

这类人不管是在微信的朋友圈里，还是在聚会的交谈中，出现频率较高的词永远是"太忙了""最近事比较多""为了……可没少费劲"这类强调自己的努力和付出的句子，然而却很少听他们说办成了什么事，或者取得了什么样的成绩。是不是颇有些不看重结果、只享受过程的超然之感？其实不然，他们所不看重的结果恰恰是这个世界所看重的，也是他们安身立命的本事体现，但是当别人用结果来衡量他们价值的时候，他们就会搬出一套没有功劳也有苦劳的价值逻辑。这种人一般有两种：一种是没有认清他赖以生存的基础是什么；另一种是知道自己做不出别人想要的结果，不过是想用所谓的付出来掩盖自己的无能。不管是哪一种，都不是你应该与之为伍的人。

5. 自以为佛系的丧族

"佛系"和"丧族"，又是两个比较时髦的词汇。同样新潮的这两个词，意思却不太一样。真正的佛系讲的是凡事尽心尽力，却不过分执着于得失的洒脱和沉静。而真的丧族，看似看透世事的通透，其实不过是心态的未老先衰。如果真能遇上尽心尽力却又不过分执着于得失成败的洒脱之人，倒是应该好好珍惜。最遗憾的是遇上那些"自以为佛系"的丧族，这未老先衰的心态所带来的消极和暮气，我们最好能避而远之。

05

守住边界感，关系处到刚刚好

对于人和人之间的边界感，你了解多少？你是一个很有边界感，能自觉地不侵犯别人的边界，同时也能巧妙地守住自己的边界的人吗？如果是，那真的要恭喜你，你肯定是一位情商高手，跟你相处一定是件非常愉快的事情。你听说过边界感这件事，但是还不知道怎么能做得恰到好处？这也不错，虽然跟你在一起不一定能如沐春风，但是你应该不会做出什么太出格的事情来，守住友谊的小船还是能做到的。你从来都没听说过边界感这回事？觉得这根本就没什么必要？那我真的会忍不住替你捏一把汗，只能说现在还留在你身边的人，对他们好点儿吧，这些年他们一定过得很不容易，你们的友谊也一定是坚不可摧的。但是对于那些中间离开你的朋友，千万不要抱怨，他们真的是有苦衷的。现在请把你的答案和这三种情况对照一下。

那么，到底什么是边界感？边界感到底是做什么用的？

比如年底了，在外奔波一年的你不远千里回到爸妈身边，本想着用本就不怎么宽裕的时间好好陪陪父母，但却一连几天都被七大姑八大姨围着询问在外的种种细节：你在哪个公司上班？每个月工资多少？得了多少年终奖？在单位是不是个领导？有没有男朋友？怎么没有带回来……总之，只有你想不到的，没有他们问不到的。那些特别私人的话题不想聊？那不行，这是来自长辈的关怀，你不仅要愉快地一一回复，还要表示感谢，不然在亲戚眼里就是你不懂事。此刻，你的内心是一种什么样的感受呢？

不过，有一点我们必须得承认，这些给你带来困扰的人并不是有意让你不痛快的。你要是对此有异议的话，他们多半会告诉你："我们还不都是因为关心你吗？要是旁人我们才懒得理他。""不是因为我们是最好的朋友，我才这样的吗？要是陌生人，他跟谁交朋友我才不会在意。""我一直把你当作最好的朋友，你竟然觉得这件事没有必要让我知道？你把我当朋友了吗？"没错，他们多半是因为关心你、在意你才会这样对你。之所以让你这么不舒服，这都是因为你们的交往中缺少边界感。

我有个学生叫嘉琪，负责一个文学类公众号的运营，也是一个以古典文学为主题的微信群的群主，群里都是一些年龄相当、有着共同爱好的小姐妹。对于嘉琪来说，这个微信群绝对不只是兴趣爱好群这么简单，群里展开的关于文学的讨论，随时都能碰撞出好的选题。而且姐妹们在讨论的过程中时不时蹦出来的金句，也让嘉琪的文章增色不少。嘉琪一直以自己能够拥有这么一个优质的姐妹智囊团而自豪，这是她能轻松做好公众号的一大法宝。有一天嘉琪心血来潮，就想以《红楼梦》中的人物来称呼群里的小伙伴。没想到在线的小伙伴们对这个提议响应得非常积极，十二钗的角色很快就都被认领了。大家对自己的新昵称都很新奇，发言也都比平时积极了很多。但是让嘉琪没有想到的是，十二钗的昵称被认领之后，有些原来很活跃的群员开始潜水了，再后来竟然不声不响地退群了。嘉琪想再把她们拉进来，却发现自己的消息已经被对方拒收了。后来，原本一百多人的群，竟然只剩下了十二钗。再后来，这些认领了十二钗的小伙伴好像也明白了什么，也都选择了退群。嘉琪怎么也想不到，仅仅是因为一个十二钗的昵称就毁了自己的智囊团。当嘉琪把这件事情讲给我听的时候，我只对她说了一句话："都是边界感惹的祸。"

没错，嘉琪的故事跟年底回家的例子一样，都是边界感惹的祸。不过，如果你够细心的话，应该会发现嘉琪的故事跟年底回家的例子其实是不一样的。在年底回家这件事中，因为亲戚没有边界感的意识，容易犯两个错误。一方面因为不懂得什么是边界感，就很容易把自己的热情和关心演变成一种侵犯，却还傻傻地弄不清楚状况，追问到底做错了什么，不明白明明只是关心而已，为什么会遭受这样的待遇。另一方面是因为不知道什么是边界感，就更守不住自己的边界了。当对方以爱和友谊之名一步步侵犯你的生活和隐私的时候，你要么暴走，要么忍受一段时间再暴走，最后还可能会留下一个不知好歹的名声。这都是由边界感的缺失造成的。反观嘉琪的故事却是因为凭空多了一个边界才会引发后面的不良后果。为什么？因为之前大家都在一个群里，大家的地位都是一样的。不过是有些人活跃，有些人安静，仅此而已。所有人感觉关系的远近都是一样的，群是大家的群，所有人都是群友。但是，有了十二钗的昵称之后，这感觉就变得不一样了。获得十二钗昵称的群友跟其他群友之间无形之中就有了一条分界线，从此以后她们就不再是自己人了。那些没有获得十二钗昵称的群友就成了一群多余的人；无论事实如何，她们心里都是这么以为的。有了这样的想法之后，谁还愿意在别人的地盘上多说话呢？这就是她们先潜水，后退群，最后删除好友的真正原因。嘉琪用一个十二钗的昵称筑起了一个边界，边界内的是自己人，边界外的就是外人。都已经被划分为外人了，那还不安静地走开吗？

　　因此，要想打造生态化社交，丰富自己的人脉资源，结交更多不同的朋友，就得拿捏好彼此相处的分寸。毫无疑问，把握好分寸真的是个技术活，最关键的就是彼此之间的边界感。只有掌握好了边界感，你在跟人相处时才能做到恰到好处。而只有恰到好处地相处，才称得上是高情商的体现。其他不管是边界感缺失造成的侵犯，还是因为边界突兀而造成的人为隔离，都只能说明你的情商修炼得还不够。那么，如何把握好边界感呢？

1. 由己推人，设置禁区

把握好边界感的第一步就是要设置边界。怎么设置边界？在交往的过程当中，根据对方的喜好设置一个禁区，对于禁区内的话题能避开就避开。但这得是交往一段时间之后的事，因为只有了解了对方，才能知道对方的喜好。那对于刚认识的朋友怎么办？那就先从我们自身出发，由己推人。虽然不了解别人，但总该知道自己有哪些方面是不喜欢被人介入的。不妨把自己的禁区找出来，由己推人，先假设这也是别人的禁区。这样做是有一定的道理可言的，因为人有些东西是共通的，特别是在交往时的感觉上。但是，一定要明白，你所设置的这个禁区是由己推人"推"出来的，这只是个开始，你需要在相处的过程中根据自己的观察随时修正。

2. 及时提醒，把自己的不快明确说出来

相处不是一个人的事情，需要处理的是双边甚至多边的关系。只有每一个参与的人都具有边界感，关系才能处得恰到好处。所以，除了由己推人预设对方的禁区之外，还得学会面对没有边界感的队友对你的冒犯。当对方越界给你带来不快的时候，一定要及时做出反应。明确地告诉对方，这样做让你感觉很不舒服。需要注意

的是，态度要尽量和缓，语言也要尽量委婉，但是要传递的信号一定要明确。而且你的这个提醒系统最好能划分等级，要分清一时疏忽和缺乏边界感的区别。如果对方只是一时疏忽，他很快就会反应过来，并会主动向你表示歉意，这时候你需要大度一些。但是如果对方对你的反应完全弄不清楚状况，你就得明确表达自己的不快了。不要不好意思说出口，因为你的这个提醒系统就像是电路的保险系统，必要时，保险丝的熔断是为了保护整个系统不受损失。

3. 如非必要，绝不结盟

结盟是一件好事情，能够保证你跟结盟者之间建立一种明显有别于其他人的强联系。但是同时也在告诉联盟之外的那些人"你不是自己人"，就像故事里的嘉琪一样，等于是在这些人之间人为地筑起了一条界限。所以，除非那些天然存在的联盟，比如在某个群里你跟 ×× 是公司同事，或者你跟 ×× 有着线下的合作，所以不得不结盟。

综上所述，把关系处得恰到好处的关键就是把握好边界感。无论是在认识大牛拓展人脉圈时，还是在与亲戚朋友相处时，把握好边界感都会让关系更融洽，让彼此的感情变得更进一步。

PART 05

第五章

如何有效
平衡解决
社交和精进

第一节 01

我为什么不主张你去死磕

　　2018 年年底参加活动的时候我无意间听到身边的人在讨论一个"八卦"。这个"八卦"当然不是家长里短或者花边新闻的那种，那种八卦我是从来都不会关心的。我稍微"偷听"了一下，他们说的事情大概是"某个花了 1500 万元跟巴菲特共进午餐的人，后来亏了将近 80 亿元"。后来我在网上搜索了一下，这个"八卦"还真的不是空穴来风。对于这件事情本身我并没有什么兴趣，我所关心的是另一个问题——"巴菲特的饭局"，你觉得花 1500 万元跟巴菲特吃一顿饭很贵吗？那还不是最贵的。巴菲特的午餐到底拍卖了多少钱？跟他共进午餐的人后来都怎么样了？这些我都不关心。

我关心的是，正在奋斗路上砥砺前行的你，愿意为你的"贵人"支付多大的成本？对，就是"成本"这个词，这是我接下来要重点论述的话题。作为奋斗者，我们的资源有限，时间、精力、财力等几乎所有的资源都非常稀缺。我们必须精打细算地发挥好自己每一份资源的最大价值，才能在奋斗路上走得更远。所以，我们要有一个清晰的"成本"意识。这才是我们通过巴菲特的午餐，需要思考的真正重要的问题：你愿意为你的"贵人"支付多大的成本？

你是不是从来都没有考虑过这个问题？似乎所有讲情商和人脉的书籍或课程都没有问过这样的问题。是的，人们确实不太喜欢提到这个问题，也很少有人能够意识到这个问题，但这却是一个特别重要的问题。因为不管有没有人跟你提到或者你是不是能够意识到，这个问题都会一直存在。

说一个大家很熟悉的荧幕人物。头几年火得一塌糊涂的《欢乐颂》，大家一定不陌生，里面有一个人物叫樊胜美。说起来，樊胜美并不是一个特别出色的人物，论混职场的年头也算得上是资深人士了，却还只是个普通HR（人力资源顾问）。她的工作能力和智商绝对是没有问题的，在工作上也算是尽职尽责，然而也只是尽职尽责而已，这就是她身上最大的问题。为什么这么说？所谓时间在哪里，成就就在哪里。她的时间在哪里呢？在参加各种高端宴会上。很显然这种高端宴会活动在她当时的收入来看对她是不太合适的，但她似乎看不到这些。她宁肯让自己过得窘迫一些，宁肯跟两个刚毕业的小姑娘挤在一起住，宁肯从自己生活费里一点点地抠，也要攒钱买高档衣服和体面的包包。她这么做的主要原因就是"再穷也要站到富人堆里"。在她看来，那些高端聚会上到处都是人脉和机会，只要遇上了贵人，自己的工作甚至整个人生都将会有翻天覆地的变化。为了达到这个目标，樊胜美拼尽全力，义无反顾地把金钱和时间都搭了进去。如果让她来回答上面这个问题的话，她的答案应该就是：不计成本。毫不夸张地说，这是很多人的状态。

而我的观点恰恰相反，关于这件事，我的观点是：**在结交人脉上，成本意识是必不可少的。这个成本包括你的时间、精力、财务以及机会等。不仅要意识到这是一种成本支出，还得为自己的支出画一条红线。这个红线不在于绝对数值是多少，而在于你手中掌握多少可用的资源**。就拿巴菲特的午餐为例，不管是 1000 万元还是 1500 万元，在我们看来，都绝对算是天文数字了，但如果你了解过参加者的身价之后，就会知道 1500 万元对他们来说只是九牛一毛。然而对一个职场新人来说，不要说 1500 万元，就连 15000 元都会是不小的压力。所以说，绝对数值根本不是衡量成本的关键标准。那么，这个标准是什么呢？

第一，你掌握的可应用资源是否能支持你达成目标。

第二，估算你的投入和产出比，这个环节的支出会不会影响到你在其他环节的执行。

第三，这是最重要的，如果你已经开始考虑前面两个问题了，

那就意味着你已经到了应该马上停止的时候。

说到第三点我要特别强调一句：**当我们已经被迫要讨论社交成本时，我们其实更应关注你所确定的那个对象和你用来跟他建立联系的方式，这其中至少有一个是出了问题的。如果两个都没有问题，你找的是对的人，你用的是合理的方式，你的成本支出是不会高到让你咬牙死磕的。我从不提倡靠死磕来结交人脉，能让你以这种方式来结交的人，也不会是你的贵人。**所以，当你发现自己在死磕时，你就应该换一种方式，或者换一个对象。我让你在心中形成一个成本概念，是为了让你更加清楚地认识到这一点。然而"死磕"这个词具有很大魔力，很多人就算意识到自己在死磕，也不一定能够停下来。如果不能及时停下来，这些已经投入的成本就没有任何意义。这肯定是不行的。这种没有"变现"可能的理念肯定不是你想要的。下文将会论述我们不能及时停止的几个原因，只有明白这其中的缘由，你才能找到发力的方向。

第一，纠结于沉没成本，不愿让之前的努力白费

当我们意识到自己是在死磕的时候，其实资源就已经被消耗得差不多了，也就是说你的成本已经付出了。如果你在这时候放弃，你就得承受自己的付出付诸东流而带来的心理落差。对我们来说，这绝对是一种考验。还有一种不必马上就面对这种落差的选择，那就是死磕。死磕虽然极有可能耗尽你的资源，让你一无所得，但它能让你感觉到希望，至少不用马上去面对令人难受的局面。

怎么办呢？我们可以借用一下经济学上的"沉没成本"。什么是沉没成本？**沉没成本是指以往发生的，但与当前决策无关的费用。**

当你决定要终止死磕的时候，就得用沉没成本的眼光来打量你之前的付出，要知道这些付出只是造成你死磕的原因，与你当下的决策无关。你所要考虑的是接下来你还会付出什么，以及会面临什么。那些已经付出的资源，这时候就不要去考虑了，因为它们已经是沉没成本了。理解什么是沉没成本之后，淡然地看待之前的付出就会容易得多。

第二，思维惯性，宁可一条道跑到黑也不愿从头再来

借用一句现在比较流行的话：不要用战术上的勤奋掩盖战略上的懒惰。继续死磕下去的话，虽然看起来更苦更累，但是心智成本却是最低的，只需要按照原来的方案继续走下去就可以，这就是我们通常所说的一条道走到黑。因为这条路你已经驾轻就熟，走下去很简单。但是反过来，这个既定的方案终止了，就需要重新来过，你还需要再来一次"从0到1"。众所周知，不管是哪个领域的"从0到1"都是非常耗费心力的事情。所以要想及时终止死磕，你得告诫自己：不能用战术上的勤奋来掩盖战略上的懒惰。

第三，跟丢了目标，早已经忘记了初心

对于这件事，文艺的说法是"不忘初心，方得始终"，专业的说法是"锁定目标"。很多什么都明白却偏要咬着牙死磕的人，就

是因为已经忘了"初心"或者已经跟丢了目标。这个时候，能不能达到最初的目标对他来说已经不重要了。对他来说最重要的事情就是不惜一切代价证明自己能行，他已经忘了自己原来想要的是什么了。在付出的过程中，目标已经被替换而他却浑然不觉，自以为是在坚持不懈，其实早已跑偏。怎么办？办法是冷静下来想想自己最初的目标，锁定目标，永葆初心，别让情绪在不知不觉中把自己的目标给调包了。

只有懂得用成本思维来看待社交人脉的人才算得上是高情商者。当我们在结交"贵人"的时候，对该投入的成本一定不要吝啬，但当自己资源即将耗尽时，也不能继续"死磕"。要做到"不死磕"，就要做到：**理解沉没成本，只考虑之后要付出的和可能得到的，忘记之前已经付出的成本；千万不要用战术上的勤奋掩盖战略上的懒惰，要有从头再来的勇气；锁定目标，并时时回顾，谨防初心被替换。**只有这样，我们才能及时止损，守住所剩资源，以便另寻机会结交"贵人"，拓展人脉圈。

第二节 **02**

避免生活被社交拖垮的算法

如果让你对我们当下的生活做一个概括的话，你会怎么表述？网络化时代？大数据时代？智能化时代？或者是其他类似的答案？我相信，你可以给出很多种不同的答案，而且都很有道理。不过我有一个答案，只要是以这个时代为主题的问题，都可以用这个答案来概括。这个答案就是：算法时代。你可以用你的答案来印证一下。

为什么说现在是算法时代？我们经常挂在嘴边的大数据、已经进入我们生活的人工智能、云计算，都离不开算法。有人说，5G时代是一个物联网时代。打开网页的时候你会发现，在那些自己跳出来的新闻资讯中，你喜欢的内容越来越多；当你准备在网上买点什么的时候，你会感觉这个平台越来越懂你了。我们必须知道，这背后其实都是算法的功劳，不过这还不是算法时代的全部含义，我之所以把当下叫作算法时代，那是因为算法对我们的影响已经远远不止这些了。现在的算法不只是数学公式和计算机代码了，更代表着一种解决问题的基本方法和原则。美国著名管理咨询机构富兰克林柯维执行副总裁、首席人力资源官托德·戴维斯在他的《人生算法》中说，人生算法就是你面对世界时不断重复的、提高目标达成概率的基本套路。莉莉丝游戏 CEO 王信文也认为，好的管理者在解决问题的时候就应该"只给算法，不给答案"。但是相对于"只给算法，不给答案"，我更偏向于既给算法又给答案的做法。我所提的每一个概念和法则——我们这里说的算法——都是针对某个具体问题的，它既是算法，同时又是解决这个问题的答案。

我们这次要解决的问题就是：怎么给自己的社交系统装上保险，以免超负荷运转造成成本过高？很明显，这也是一个跟社交成本有关的问题。上一篇文章解决的是针对个体的成本问题，现在要解决的是如何避免你的整个社交系统成本过高的问题。

什么是社交系统成本过高？

比如你一天到晚都陷在各种应酬中无法脱身，每天都有赴不完的局、吃不完的饭。假如公司要求加个班，你第一时间想到的不是向自己的家人说明，而是先跟朋友们道歉。

比如你终于买了一本惦记了很久的书，但是很长一段时间过去了，你却没时间拿出来翻一翻。

你会经常发现有些对你来说非常重要的人，你却总是忘记跟他们保持联系。等你打算维护这段关系的时候，对方已经彻底把你忘干净了。

你想系统地学习某项技能很久了，但是每个月的应酬就用掉了大部分可支配收入，总是攒不够报班学习的钱。

……

如果你经常遇到这类情况，就说明你的整个社交成本已经超支了，以致对你的生活、技能的提升等都造成了严重的影响。你已经到了需要马上降低社交成本以确保你的工作和生活不被拖垮的时候了。你需要为你的社交瘦身，这件事说起来也不是太难，比如通过各种方式断舍离、减少社交。只要你想，方法总是有的。方法不是这件事最难的地方，最难的是不好把握尺度。既要让社交成本保持在红线以内，又要让自己的社交系统接近甚至刚好满负荷运转，毕竟人脉资源的作用不容忽视。那么怎么把握这个尺度呢？为社交瘦身要瘦到什么程度才好呢？肯定不是越瘦越好。这个问题就需要用一个算法来解决，这个算法就是：邓巴数字，或者叫作150定律。

邓巴数字是 20 世纪 90 年代由人类学家、牛津大学教授罗宾·邓巴提出的，**表示的是人的智力所能支撑的社交网络的上限。人类的智力水平允许我们拥有稳定的社交网络人数的上限是 148，**

约等于 150 人。所以，也有人把这叫作 150 法则。邓巴教授认为，人的大脑新皮层大小有限，所提供的认知能力只能让我们维持 150 人的稳定社交网络。超出这个规模，就超出了我们的认知极限，我们的工作和生活都将会受到极大的影响。

看到这个数字你会有什么想法？是不是有一种想要马上翻看自己的通信录、微信或 QQ 的冲动？没错，很多人都有这样的冲动，然后满心惊恐，进而又会心生疑窦。为什么？因为不管是自己的通信录、微信还是 QQ 的联系人列表，何止 50 人呀！以微信为例，联系人列表里有三五百人的人不在少数。这样一对照，瞬间感觉自己超标得有点厉害，但是这种情绪很快会成为怀疑：这个邓巴数字真的靠谱吗？当得知邓巴数字是在 20 世纪 90 年代提出的时候，这种怀疑就变得更加理直气壮了。不少人觉得，不是自己超标严重，而是邓巴数字过时了。因为 20 世纪 90 年代还没有发达的社交网络，人与人之间的联系方式还没有这么便捷。他们还有一种很直观的依据就是，虽然相较邓巴数字，自己的社交规模严重超标，但是自己的生活却没有被拖垮。那么真相到底是什么呢？其实是对邓巴数字产生了误解。我们应该这样理解邓巴数字的这 150 人。

第一，分清内圈和外圈

要弄清楚邓巴数字的本质，首先要分清什么是内圈、什么是外圈。内圈指的就是与你有线下互动，联系更加紧密的圈子。这是有一定私密性质的社交圈。而外圈，则更像是微信里的朋友圈。微信朋友圈里的朋友含金量往往很低，那些留在联系人列表里的，不知道在哪场聚会上添加了微信的点赞之交，是不能算在你的社交规模之内的。邓巴数字的 150 人之内不包含他们。

第二，内圈的本质——"梳毛"

邓巴教授是通过《梳毛、八卦及语言的进化》这本书提出邓巴数字的。这本书的书名当中隐藏着邓巴数字的另一个关键信息——"梳毛"。梳毛是一个比喻，用猴群比作人类社会，作者说猴子之间建立亲密关系的方式是梳毛。梳毛既是一种情感上的交流，也是相互建立信任感的方式。用在我们的社交上，我的理解是"陪伴"。陪伴是你区别内圈和外圈的标志，只有那些你用心陪伴的人才有资格在你的邓巴数字当中占有一席之地。

第三，数字是固定的，个体是变动的

邓巴数字的这个 150 是固定的，但是这里面的个体却是在不断变动的。并不是所有曾经互相"梳毛"的人，都会永远待在对方的邓巴数字内。会有不断进来的新人把渐行渐远的人替换掉，这话说起来有些残酷，但这就是现实。那么保持什么样的"梳毛"频率才不会被替换掉呢？就是每年最少一次。

了解邓巴数字的三个特点之后，你再看看自己的社交系统，还会觉得 150 这个数字太少吗？显然是不会的。经过这样一番筛选之后，有些人就会发现自己不光是没超反而是严重不达标。那就不得不说，这类人的社交系统的空置率太高了。他们要做的不是断舍离，也不是社交瘦身，而是拓展更多的人脉。当然，数量超过 150 的人也不在少数，那就真的非"瘦身"不可了，不然过多的社交成本支出会让你疲于应对，这样的状况必然是不能长久的。至于"瘦身"到什么程度呢，就是接近邓巴数字 150，当然这只是个约数。具体的数字就用你的直观感受来判断，比如本文前面所举的社交系统超负荷运行的几个例子，那就是最直观的体现。

第三节 03

怎么在关键时刻找到对的人

　　歆然是一个有梦想的插画师，自己的个人品牌做得不错，同时她还是大家公认的"快手"。当然，我说的"快手"并不是那个小视频软件，而是说她的办事效率是出了名的高。比如我们的青创合伙人在一起讨论问题，碰撞出了一个不错的想法，可能实现这个想法的某一个环节需要专业人士的帮助，这就到了考验社交能力的时候了。我发现，这种情况下十有八九是"快手"歆然最先解决问题。当她都已经解决问题时，有不少人还在翻看自己的联系人列表呢，还有几个正在联系当中。既然问题都已经解决了，他们也只好默默地关掉手机屏幕或者跟对方说"非常感谢，问题已经解决了"之类的话。

不过也有例外，有那么一两次，眼看着大家都动起来了，她却静静地看着别人忙活，好像这件事跟自己没一点儿关系似的。

这就是插画师歆然被叫作"快手"的原因，要么她不出手，一出手就一定是最先解决问题的。是不是有种很厉害的感觉？提到歆然的故事，其实是为了陈述一个事实，以往人们都说竞争的本质是大鱼吃小鱼，但是现在是一个快鱼吃慢鱼的时代。很多事情，你能想到别人也能想到，拼的就是个速度。怎么提速呢？让更多的人来帮你解决问题，肯定比你自己解决要更快一些。但是找人帮忙也是要讲究速度的，就像"快手"歆然，每次都能抢得先机，她成功的概率自然就会比别人更高一些。**快是一种能力，也是一种资本，速度和人脉资源一样重要。这种快的能力，我把它叫作社交系统的快速启动。**这就像汽车一样，启动速度的快慢也是衡量性能的重要因素。熟悉汽车的人都知道百公里加速，就是时速从零加到 100 公里。超级跑车的百公里加速所需时间少于 4 秒，而普通汽车则需要10 秒以上。如果你的社交系统启动时间不够快，你就像是一辆普通汽车跟一辆超级跑车比赛一样，站在同一起跑线上，你跑赢的概率能有多大呢？能够快速启动社交系统也是高情商的一种体现，快是一种能力，这种能力是可以后天修炼的。下面我们就看看"快手"歆然掌握的秘诀：人脉分层档案。

如果你对人脉分层档案不是很熟悉的话，也许对人脉分层法则不会感觉太陌生。什么是人脉分层法则？**人脉分层法则就是按照平时交**

亲友关系

挚友关系

需求合作的关系

熟人关系

人脉圈层

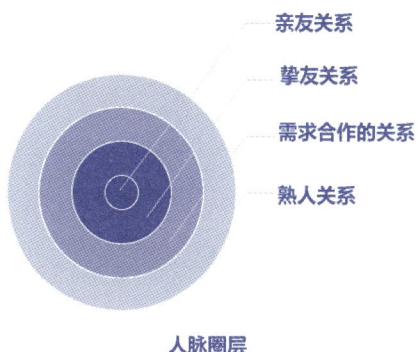

往的亲密度，把人脉圈分成几个圈层。这些圈层按照关系的疏密程度一层层地往外扩散，就像是一个同心圆，而这个人脉资源的主人就是这个同心圆的圆心。比如按照关系的疏密程度，最靠近圆心的那层是亲友关系，这是天然存在的亲密关系。再外面的一层是能够交心的挚友关系，这群人虽然平时联系不多，却能够有事直说、说完就办。再往外的那层是需求合作的关系，虽然彼此私人关系并不是很紧密，但是在工作和事业上多有交集，遇事能帮就尽力帮，而且彼此的人品也都信得过。最外面的那一层，属于熟人关系，于公于私都没有多少交集，但是对于对方的人脉供求关系双方都比较清楚，只要方法得当，也能获得帮助。

这么一说，是不是觉得这个人脉分层法则还是很实用的？很多销售人员也都会用分层的方法来管理自己的客户资源，其实跟人脉

人脉分层法则和人脉分层档案的关系

分层法则的原理是一样的。然而这跟"快手"歆然版的"人脉分层档案"还相距较远。我们这里提到的人脉分层法不过是人脉分层档案的一个基本逻辑，或者说只是其中的一个维度。歆然的人脉分层档案比简单的分层在精准度上具有更大优势，因为它是一个由经线和纬线交织而成的网状结构。这里面的每个个体都有纵向和横向两个坐标，应用横向和纵向两个元素来查找的话，结果就只能是一个点，这是非常精确的。比运用人脉分层法则把人脉简单地分为几个圈层，再在一个圈层中间寻找要简单得多了。

歆然的"人脉分层档案"是我的人脉分层法则基础上的升级版，**具体就是用人脉变现的思维，在按照亲密度分层的单一分层法则上加上职业和领域的划分标准**。对横向的分层再进行一次纵向的切割，这样你的查找范围就缩小了很多。这个缩小的幅度取决于你职业划分的精细程度。例如，如果你的纵向划分是媒体传播，下分杂志、自媒体、图书出版等，在图书出版下面又分成发行、印制、策划、包装等。只要你切割得足够细，做到点对点不是不可能。但我并不希望你一直划分到点对点这么精细，因为这是一个很烦琐的工作，要是全部都划分得这么精确的话，那是在给自己找麻烦。而且即使你做到了，查找起来也并不轻松。这不但不会提高你的社交启动速度，还会让它变得更慢。

　　我的建议是，对于你熟悉的或者经常用到的人脉资源，你可以划分得精细一些。对于那些不怎么熟悉，不经常用到的，但是他们可能会作为你的"兑付型产品"，给你身边的人带来价值的人脉资源，你不妨划分得宽泛一些。不过在这些你不太熟悉的领域里，你可以设置一个"基站"，也就是这个领域里的社交性人才，有些问题他不知道答案，但是他能告诉你谁最有可能知道答案。这是对人脉分层进行纵向切割的方法和原则，只需要遵循简单法则就好。毕竟这个方法的终极目标是提高你的社交启动速度，在精准的前提下越简化越好。这个人脉分层档案具体呈现出来应该是一个什么状态呢？我们以微信为例，你先用标签对联系人进行行业区分。然后在这个区域里面按照关系的亲密度进行排列，如果亲密到可以无条件为你提供帮助的，你可以在备注的名称前面加上字母 A，然后以此类推。这样，你在联系人列表里看到的不仅是能帮你解决问题的人，就连优先级都排好了。在这样的联系人列表里，你最先看到的是能直接开口寻求帮助的，然后是需要简单寒暄几句的，再后面是需要用"我这里有一个机会"代替"我需要向你寻求帮助"的。就连基本措辞和需要的沟通方式都能够一目了然，如果你也做到了这一点，还会觉得"快手"歆然很神奇吗？

　　本节内容讲的是提高社交启动速度的人脉分层档案法。**它是在人脉分层法则按照关系亲密度进行分层的基础上再应用职业划分进行纵向分隔，让你在最短的时间内找到最合适的人来帮你**。需要注意的是，你划分切割的幅度一定要根据不同行业和领域而区别对待，以免造成负担。需要提醒你的是，人脉分层档案的好用程度取决于你的熟悉程度。如果你只是将列表划分，却不能做到心中有数，那它的优势就得不到充分发挥。毕竟大脑搜索比在列表里查找要快得多。

04

让"变现"永远都是现在进行时

　　作为一个奋斗者，涛子终于凭借这些年在职场的积累启动了自己的事业。公司刚刚成立，他就感受到创业型老板的辛苦和焦虑。没有了原来公司的平台做靠山，很多人脉不得不重新维护。这样一来，除了公司的日常工作，每天早出晚归的拜访就成了最紧要的事情。他觉得是时候给自己买辆车代步了。一来接送客户方便，二来看起来也体面一些。可是，所有经历过创业的人都知道，这个阶段的老板过得比上班时要难多了。无奈之下只好从有限的资金里挤出一部分，入手了一辆品相还不错的中档二手车。他对价格非常满意，据说车还是八九成新，只跑了不到两万公里。

然而，他很快就发现事情远没有想象的那样顺利，时不时的故障维修花钱不算，关键时刻"掉链子"还会让事情变得很尴尬，再加上二手车的售后服务非常麻烦，他没那么多时间和精力。

苦恼不已的涛子跟一个朋友抱怨这事。这个朋友听后就问涛子买二手车这事怎么不提前说一声。这话说得涛子一愣，问朋友为什么，朋友说："我表哥是做二手车生意的。有我在，你不一定能买到最便宜的，但是我能保证你买了之后不会天天抱怨，即使遇到麻烦，我也有地方给你解决。"涛子绝对相信朋友的话，可是听了之后涛子那种心里发堵的感觉就更厉害了，但是又不好发作，只能闷闷地说："你为什么从来没跟我说过呢？"朋友也是直脾气："多新鲜，那只是我表哥。你不问，我还把家谱给你报一遍呀？"

故事讲完了，问题就来了。在这个故事里，你听到了什么？会不会觉得涛子的这个朋友情商也挺低？涛子遇上了这种糟心事，他这位朋友不好好安慰他也就算了，还说这种风凉话给人添堵。会不会觉得涛子做事也挺冲动？买车之前怎么不让周围朋友帮忙问一问呢，万一有能帮得上忙的呢？没错，你能想到这些，我都会为你点赞，但这依旧不是我给你讲这个故事的原因。我再提一个问题，从成本的角度来看，你觉得开拓新人脉合适，还是充分应用现有人脉合适？我的答案是，应用现有人脉去开拓新人脉最合适。在陈述原因之前，我们先了解应用已有人脉去开拓新人脉的"六圈法则"。

所谓六圈法则，就是充分地开发和应用你人脉资源中的每个个

体社交资源。我们每一个人的社交资源都分布在六个社交圈层当中，它们分别是家庭圈、同事圈、同学圈、爱好圈、平台圈和职场圈。这些圈层当中所有社交资源的综合就是我们全部的社交资源。了解六圈法则对于我们来说有两个特别重要的作用。首先，了解六圈法则后，当你再次打量自己的社交资源时，视角就能触及所有可能存在人脉资源的地方，这样事后就不会为"我怎么就没想到……"而懊悔不已。还记得那个不懂运营的技术型创业者吗？我在讲裂变法则时提到过的博远。如果博远从一开始就知道六圈法则的概念，他可能一早就会意识到我也是他人脉资源中的重要一环。其次，我们在了解六圈法则以后，当你在现有的人脉资源中没能找到可以为你提供帮助的人时，你就会从他们的社交资源上寻找突破口，而不是自己去重新认识一些人。不得不说，这是一种更加高明的做法。为什么？我再给你讲个故事。

有一次在讲完六圈法则后，我让大家分享一下身边有没有运用六圈法则的高手。然后我就听到了这个故事，给我讲这个故事的是故事主人公的丈夫。他说妻子的情商特别高，拓展人脉的能力特别强。他们夫妻都是外地人，妻子是一家实木家具店的店长，而他是一个宅在家里靠写作为生的宅男。这样的夫妻按说在当地应该不会有什么朋友，但是事实并不是这样，他们在附近有很多朋友。有在家里带孩子的宝妈，有时尚新潮的舞蹈教练，有当地医院的医生，有律师，还有赋闲在家的叔叔阿姨。妻子在公司上班时，叔叔阿姨会把自己做的美食带到店里给她吃，年轻的宝妈也会带着宝宝去店里找她聊天。更夸张的是，头几年这对夫妻准备买房的时候，一位阿姨竟然直接拎着十万现金到店里支持他们。妻子一直是整片家具卖场的销售冠军。她是怎么做到的呢？他说听了课才知道，原来妻子这么厉害都是践行六圈法则的结果。他说了一件具体事例。

有一天他正在家里写东西，妻子让他加一个人的微信，结果他还没来得及加，对方就先一步发来了好友申请。对方自报家门，说是一家经营母婴用品公司的老板，公司准备做一个公众号，需要一些有干货的亲子类的文章，并说知道他之前写过一些相关的书籍，就想委托他负责公众号文章的写作。整个过程顺利得出奇，对方很快就给出了稿酬标准，比他预期的还要高。他说，一直到这个时候他整个人都是蒙的。大致谈妥后，对方才说自己是他的邻居，刚刚买了××品牌的家具。这一下他才明白到底是怎么回事。可是事情还没完，下午，他的一个平面设计师朋友发来微信："哥，晚上请你们吃饭。今天嫂子给我推荐了一个客户，想运营一个亲子类的公众号，让我负责设计的工作，我们签了一年的协议。"

没错，这一切都是从购买家具开始的。后来他妻子说，在给该客户介绍家具的时候，顺便问了一下送货地址，她发现对方竟然是和自己同小区的邻居。这下他们就找到了共同话题，一起吐槽小区的物业，一起聊小区里的人和事。然后又聊到了各自的家庭和职业，没想到这一聊竟然大有乾坤。得知这位邻居经营了一家母婴用品公司，并且计划运营一个育儿公众号，她就说自己的丈夫写过这类文章，还出版过相关书籍。对方一听，眼神当时就亮了，说："我们既然聊得这么好，又是邻居，何不让你丈夫来给我们写公众号的文章呢？"当聊到身边的朋友时，客户又说："那太好了，干脆让你丈夫的朋友来做设计吧，他们那么熟悉，沟通起来也方便……"

故事讲到这里，我稍微打断了一下，问："故事到这里是不是还没有结束呢？"

然后他说："是的，我们现在是关系很不错的邻居。他们家是独立的别墅，夏天的晚上我们经常在他们的小花园里撸串……"

我完全可以想象得到，接下来他们之间还会有更多合作。这位做销售的妻子，向我们完美地展示了六圈法则超强的"变现"能力。虽然她在运用的时候，并没有意识到这就是六圈法则。

相对于仅仅充分应用已有的人脉或重新结识新的人脉，应用六圈法则从已有人脉当中拓展新人脉更加高明。既省去了直接拓展新人脉的成本支出，还加深了和已有人脉的人情往来，促进了人脉关系的巩固。这样一举多得，正是我建议应用现有人脉去开拓新人脉的原因。

第五节 05

试错是个大成本，越低越好

  情商效率是高情商的体现。很多人会觉得，情商高就是会说话、会做事。其实不然。无论说话还是做事，都是实现目标的途径，而高情商真正实现的，应该是目标已达成的既定结果。那高情商到底指的是什么？**在我看来，只有能为自己解决实际问题，尤其是高效解决问题的情商才算得上是高情商**。我们讲的很多法则和方法其实也都是为了搞定人脉，但是有个基本的事实我们必须承认，那就是不管我们掌握了什么样的神器，这个搞定人脉的过程都不会像我们之前预设的那样顺利。这其实有点像套路和搏击的区别，我分享给你的方法不管多么实用，我都只能告诉你方法本身。而想在擂台上搞定对手，需要的是快速反应和判断的能力，比如对时机和距离的判断，只有做到精准地判断，你所掌握的各种技巧才能体现出价值。搞定人脉的过程也是一样，对手是一个有独立思想和利弊判断的个体，永远不会按照你的套路出牌。比如说，你在去找某人合作或帮忙之前其实是有一个预设方案的。但是对于你说的事，对方也会有一个基于他自身情况和利益的判断。这不光是来自不同利益诉求的区别，有时候就算是对方不考虑自身的利益，出于好心也会给你提出一个他认为更好的方案。于是，当你找到某个人准备让他帮你解决某个问题的时候，他的回答就很可能是这样的：

你完全没必要那样呀，我们这么做岂不是更好吗？

你这么做可不行，其实我有一个更好的方法……

很抱歉，我恐怕没办法按照你说的去做，但是我倒是可以帮你……

当然，对方也有可能二话不说，就按照你所要求的那样去做。如果真是这样的话，不得不说你的运气真是好得出奇，但是这么好的运气并不是经常有的，我们也不能把事情的成败完全交给运气。所以，对方不按套路出牌的问题必须解决。那怎么解决呢？

一般来说，当听到类似上面这些回答的时候，你就不得不面对一个现实：事情并不顺利，我们得从长计议。你不妨回想一下自己遇上这类情况的时候是怎么做的。我先来说一下比较典型的两种做法。第一种反应是马上被对方的建议和拒绝激起强烈的负面情绪，然后被这种负面情绪所掌控，要么当即拉下脸拂袖而去，要么就是嘴上说没关系，心里却已经开始盘算下次该上谁那儿去碰碰运气了。第二种反应是完全陷入一种蒙的状况，除了抓狂不知道该干什么。对于对方的建议和作为弥补而提供的另一种帮助，完全没办法做出清醒的判断。不知道你是不是有过这样的反应，但是必须要知道，有这两种反应的属于低情商者，他们的情商效率非常低，因此，实现目标的成本就会很高。

有一种高情商者的反应是这样的：首先，他具有一种剥离情绪的能力，这是高情商者的特质。这种能力会帮助他摆脱负面情绪的纠缠，冷静分析对方所给的建议和替代方案，然后很快做出一个新方案。新方案会最大限度地融合对方的建议和观点，这种参与感会让对方感觉非常舒服。所以这样的方案一旦被制订出来，根本就不用担心执行的问题，因为对方的积极性可能比你还高。这是因为高情商者解决问题的过程给对方带来了认同感、参与感和成就感。这几种感觉相当于精神奖励，会给对方带来非常美妙的体验，这是给多少物质回报都无法达到的效果。

但是，仅仅做到这一点还远远不够，事情并没有这么简单。在这个过程当中必须做到两个"最大"，你才算是一个真正的高情商者。**第一，最大限度地坚持自己的原则，以保证事情不会偏离既定的方向；第二，最大限度地调动对方的积极性，以保证事情执行环节的顺利。**上文所述，只是做到了第二个最大。那么，怎么才能同时做到两个最大呢？这听起来是一件难度非常高的事情。不过你不需要担心，只要学会 SWOT 分析法，我们就能从容地在沟通中剥离情绪并快速做出科学决策。

"SWOT"有很多个名字，波士顿矩阵、企业战略分析法、态势分析法。从这些名字中你应该可以看出来，这套分析法原来是用来为企业制订战略方案的。现在，我把它借用过来，变成一套能够帮你在沟通中剥离情绪并快速做出科学决策的心智模型。所以，我经常跟学生说这套心智模型是我特意为他们准备的。

SWOT 其实分别是四个核心关键词的英文首字母。

S 代表的是 strengths，在企业战略分析中的意思是被分析对象所具有的优势。在我的心智模型中，我想让你思考的是两个方案各自的合理之处和可行性。

W 代表的是 weaknesses，在企业战略分析中的意思是被分析对象的劣势和缺陷。在我的心智模型中，我希望你注意的是两个方案当中不合理和可行性不高的地方。

O 代表的是 opportunities，在企业战略分析当中的意思是被分析对象所具有的机会。在我的心智模型中，我希望你注意的是，这两个方案中那些能给对方带来利益和机会的地方，侧重点在于对方提出的方案和建议。

T 代表的是 threats，在企业战略分析中的意思是被分析对象所面临的威胁。在我的心智模型中，我希望你注意的是，这些方案中那些可能给对方带来损失的地方，侧重点在你原来预设的方案。

这就是 SWOT 模式，用最直白的语言来说：**是把你预设的方案和对方的提议放在一起做对比分析。分析的重点在于，前两点分析是站在你自己的立场去考虑，判断哪些是合理的，哪些是不合理的，哪些是可行的，哪些是不可行的。后两点的分析就要转换立场，站在对方的角度来重新审视判断。重点观察你预设方案中哪些是可能会给对方带来损失和威胁的，对方重新提出的方案中哪些是对方关注和希望得到的**。这是你们重新制订新方案的基础。如果上面这个问题你考虑清楚了，你们的新方案要想做到两个最大就不是什么困难的事情了。

SWOT 还有一个作用是帮助你尽快摆脱情绪化思考模式，进入理性思考模式。毕竟考虑这些问题是非常耗费心神的事，一旦开始就无暇顾及情绪的好坏。需要注意的是，不管对方提出的方案合理性和可行性如何，一定要首先肯定对方的善意和诚意。在新方案的制订过程中，你需要做的事情是引导，结论性的话让对方来说。这是他收获认同感和参与感的关键之处。

如果上面的这些你都能做到，那你的情商效率就会得到极大提高，即使有波折，也能很快就愉快地做出新决策，而且还是你们共同的决策，而不只是你的。

PART 06

第六章

直击痛点，只有高情商者
才能解决的
6 个社交难题

01

没有不能拒绝的事，只有不懂拒绝的人

　　张猛是个人缘不错的小伙子，但是脸皮薄，遇到别人有事相求总是不好意思拒绝，越是这样，前来求助的人就越多。比如，明明他刚来公司不久，工资在同事中算是比较低的，可是如果有同事想要借钱，他们第一个想到的肯定就是张猛。就是因为大家都知道他面子薄说不出拒绝的话来，有事找他肯定不会碰钉子。虽然大家都夸他是个好人，但是张猛自己知道，他的生活就快被拖垮了。

　　莫莉发现她已经被公司的老员工边缘化了，稍微重要一点儿的工作他们都会找理由不让她参与。无奈之下，她只好找跟她一起进公司的项乔探问一下这当

中的缘由。询问之下得知，之所以这样待她，是因为大家都觉得莫莉不给别人面子。莫莉这才想起来，有几次下班后或者周末时，那些老员工让莫莉替他们加班，但是她那时候都已经有了安排，就拒绝了，没想到会对自己造成这样的影响。

就像这两个故事讲的那样，拒绝别人确实是一个棘手的问题。然而我们必须解决这个问题，因为你不拒绝别人，就会被这种没有意义的成本支出拖垮。

在告诉你高情商者都在用的拒绝方法前，我们先明确一下这些方法到底是用来做什么的：学会这套方法只能帮你在你明确想要拒绝的情况下，最大限度地减轻拒绝对社交关系的影响，但是并不负责帮你决定要不要拒绝。如果你自己都不确定要不要拒绝的话，这套方法于你而言，作用就非常有限了。因为没有任何一套方法能让一个本来就不想拒绝任何人的人学会拒绝。所以，在学习这套方法前，你一定得确定自己想要拒绝他人，只是找不到合适的方法而已。确定了这一点，你很快就会发现，这套方法非常适合你。

1. 让意愿归意愿，能力归能力

怎么理解这句话？先想想那些因遭到拒绝而迁怒于别人的人，想想他们是怎么说的。他们一般都会这么说"我一直都把他当作最好的朋友，他竟然这么绝情不肯帮我"，或者说"这点小忙都不肯帮，简直太不讲情面了"，再或者说"要不是发生了这件事，我都不知道我们之间的情谊竟然这么不值钱"。但是他们从来不会说"他竟然忙到没时间来帮我，我要跟他绝交"，或者"没想到他竟然比我还困难，他太不够意思了"。

那么，明白了吗？**那些因拒绝而被破坏的关系，都是因为被拒绝的一方坚决以为对方是不想帮自己，而不是不能帮**。这才是问题的本质。那些所谓拒绝就会得罪人的说法不过是一种假象。让我们再深入一点，为什么被拒绝者会有这样的错觉呢？一方面是求助的一方会本能地把每一个求助的对象都想象成是有能力的，否则也不会向他求助；另一方面就是，拒绝者的拒绝方法过于简单粗暴，没有把意愿和能力的区别表达清楚。在我看来，这件事当中，不能做到让意愿归意愿、能力归能力的拒绝者所要承担的责任还要更大一些。所以，高情商者用的是高明的拒绝方法，它的终极要领就是想尽一切办法，不遗余力地让意愿归意愿、能力归能力。不仅自己要明确这一点，还要让被拒绝者明白你是真的帮不上忙而不是不想帮。明确了这一点，除了本文所述的有限的方法，你还完全有可能在实践中悟出更多更有效的方法来。

2. 三明治拒绝法

什么是三明治拒绝法？三明治拒绝法，就是把整个拒绝过程分成三部分，最上面的和最下面的是你非常想要为他提供帮助的意愿，就像是三明治中用来夹住火腿、鸡蛋或芝士的面包片。而中间的那一层就是你要拒绝的真正理由，那是你关于自己能力不足而无法提供帮助的阐述。对于拒绝者来说，这才是最重要的部分。这一部分给人的感觉越靠谱，关于非常愿意提供帮助的意愿表达才越能显出真诚来。比如，对于同事想要你周末帮他加班的请求，你可以这么拒绝：

"你能在这时候想到我，我很开心，说明你真的把我当朋友了，我也是一样。可是非常抱歉，我周末要去女朋友家里拜访家长（可以根据不同的安排而改变，也可以是约定好拜访朋友等），这是上周就定好的事。不然我真的非常愿意帮你分担，毕竟咱们是不见外的好朋友。这次不能帮你真的很抱歉，但是很高兴你能找我。"

面对这样的拒绝，对方怕是很难责怪的。

3. 给一个替代的方案

关于拒绝，我的看法是在自己的能力范围内能帮一把的还是要帮一把，因为再高明的拒绝艺术都比不上实际的帮助来得实在。有些文章称学会了高明的拒绝方法之后，就算被拒绝了，对方也会高高兴兴地离开。如果有人跟你说这样的话，那他不是情商太低就是别有用心。我们学会拒绝的艺术所能做的就是尽可能减少拒绝对社交关系的负面影响。不管你有什么样的理由，也不管你用了什么样的技巧，因为被拒绝就意味着他的希望已经落空，问题没有得到解决，接下来他的处境会更加糟糕。对这一点我们一定要有清醒的认识，高明的拒绝方法不是万能的，做到减少负面影响已经很难，让对方被拒绝了还乐呵呵的，这样的幻想趁早丢掉。不过如果有一个替代方案的话，倒是可以把负面影响降到最低，甚至完全消除。比如，你在表达了自己非常愿意提供帮助的意愿和自己的困难之后，你又帮他介绍了最有可能帮他解决困难的人，或者是以另外的方式提供一种帮助给他，这也是非常不错的办法。

4. 给对方一个无法接受的答案

这种方法主要针对那些非常具有"锲而不舍"精神的人。面对对方的请求你已经把你的实际困难讲得很清楚了，但是对方偏偏不死心，还是满心希望让你再想想办法，这样的人会让人很不愉快，但是最好也不要与之翻脸。因为但凡用这样的方法求人的人，你跟他翻脸的成本都会比较高。那就用现实给他一个让他无法接受的方案，让他自己选择，比你说出拒绝的话要好很多。比如你手上明明已经有不少工作了，有个同事偏偏还想让你帮忙。面对你的苦衷，他却坚持让你想想办法。你不妨这么回答："这样，我先帮你把事情弄好，但是经理上午要的报告可能就做不出来了。你帮我跟经理说一声行吗？"他肯定不会想跟经理说，但那也需要让他自己来把这个结果说出来。

这就是几个最大限度降低拒绝给人际关系带来负面影响的方

法。在拒绝别人这件事上，我们尤其要明白两点：**第一，所有拒绝的艺术都有一个终极要领，让意愿归意愿、能力归能力；第二，所有拒绝的艺术都是在尽可能降低拒绝给人际关系带来的负面影响，但不要指望被拒绝的人还能满心欢喜。**

02

别让安慰变成捅刀子

被情商超低的朋友安慰是一种什么样的体验？他明明有副热心肠，却到处出力不讨好，明明是在安慰别人，但是说出来的话却让人怀疑他是不是对头派来补刀的。没错，情商低的人安慰起别人来真有这样的杀伤力。

比如，一个女孩失恋了，热心的闺密不惜把自己的男朋友撇在家里，陪着伤心的失恋女孩彻夜长谈。这件事怎么看都应该是让人心怀感激的，但是因为安慰者的情商不在线，整件事情的走向就很可能发生逆转。被分手那该是一种什么样的心情？要么觉得自己是遇到了渣男为自己的遭遇怨愤不平，要么就是觉得自己命苦，为什么对方偏偏就不喜欢自己。但是不管是属于哪一种，女孩的哭诉都有可能被低情商的闺密给带偏。一般情况下，闺密要么接过话题附和说那个跟女孩分手的男人真的很渣，并搬出自己的男朋友与之做对比证明那男人真渣，却没想到这对失恋女孩而言是变相的秀恩爱；要么就是劝你不要伤心，为这样一个心里没有她的人难过不值得，劝着劝着可能还会搬出自己的男朋友来证明那男人有多不值得女孩爱。如果你是这个女孩，会不会有一种请闺密出去并让她从外面把门关好的冲动？

这只是从生活中截取的一个小片段，情商不够高的人安慰别人大体上就是这样。虽然在细节上会有一些出入，但是给人的感觉大致如此。那么，你有没有想过自己在别人眼里也有可能是一个"补刀侠"呢？只不过一般情况下被安慰的人看着对方也是一片好心，终归是不忍心让对方难堪而已。不过，你也不用为此而忧心，我们可以学习高情商者是怎么安慰别人的，学会安慰人的技巧，从此就可以告别"补刀侠"的命运了。

在说具体怎么做之前，先要明白当我们在谈论安慰的时候到底是在谈论什么。

我们是在谈论对与错吗？很多人都会有这种想法，但是很遗憾，事实根本不是这样。

我们是在讨论建设性的意见吗？确实，有些人在安慰别人的时候总是试图给出建设性的意见，但是结果却并不很理想。

我们要让自己充当"大明白"吗？很多人可能没这样想过，不过他们确实就这么做过，俨然一副早已看穿一切的高人姿态，开口闭口"我早就说过""我早就知道""果然不出所料"，弄得对方跟什么都不懂一样，这样真的不太好。

那么，用自己的经历现身说法呢？也许这样会有些作用，但是除非你跟他一样处于困境，不然一不小心就会像故事中的热心闺密一样变身为"补刀侠"，就会成为这几种情况当中最糟糕的一种。

那么，当我们谈论安慰的时候，我们到底在谈论什么呢？**我们其实是在谈论情感的宣泄，既不需要判断对错，也不需要人生导师，需要的是认同和陪伴。**

明白安慰这件事的心理特质之后，我们就好谈论安慰的正确方式了，安慰别人的正确方式需要注意下面几点。

1. 关注情绪，虚化背景

当人们需要安慰的时候，他真正需要的其实就是情绪的宣泄。作为一个高情商的安慰者，你要做的事情就是陪伴被安慰者，引导他把心中的负面情绪发泄出来。你的关注重心应该放在他的情绪变化上，而不是其他细枝末节上。最好的状态应该是这样的：对方在经过歇斯底里、咬牙切齿、痛不欲生等各种情绪变化之后，擦擦眼泪说"好了，哭出来感觉好多了"，或者"现在没事儿了，这些话要是不说出来会把我憋坏的"。当他说这些话的时候，说明已经回归了平静的状态，剩下的就是安静的心痛或者淡淡的忧伤了。这些他自己已经能够应付得了了。至于在这个过程当中，他那汹涌的眼泪和各种碎碎念，你完全不用放在心上。这时候你更应该扮演一个类似于守关护法的角色，陪伴他，保证不会有意外发生，情感的发泄就让他自己来完成。

2. 管住自己的表达欲

我们生来就有好为人师的本性，这不能说是好或者不好。好的时候：比如我们需要向别人请教问题的时候，能够免费从对方那里获得知识和经验；或者别人需要我们答疑解惑的时候，有助于我们聚集更多的人脉资源。不好的时候也有，在安慰别人时忍不住要充当人生导师就是非常典型的不好的表现。坦白说，在安慰别人的时候管住自己的表达欲真的不是一件特别容易的事情。因为这时候你面对的这个人看起来特别无助，而且他这时候的表达很可能是这样的："我真的不知道怎么办""你说我该怎么办呢"……这样一声声的召唤，是不是让你很难控制住想要说点什么的欲望？恐怕是的。但是如果你这么做了，你就跑偏了。这时候你需要默念第一条：他需要的是情感的宣泄，这些碎碎念不过是宣泄情感之前的开场白。这时候，你要做的就是控制你自己的表达欲，这很重要。

3. 别说"千万别哭"，而要说"哭吧哭吧"

在安慰别人的时候要管住自己的表达欲，其实就是，不要过度介入事情本身，不要试图替对方判断对错。但是你也不能一点建议都不给，这样会让对方觉得你对他的遭遇无动于衷。当然，完全无动于衷的人其实并不多，绝大多数人在这种时候还是会有些表示的，只是他们表示的方式却都是"阻塞"式的，典型的句式是："别哭，别难过了""别这样，不值得""别太激动了，让自己平复一下"。而被安慰者的回应可能是这样的："不难过？发生这样的事情我能不难过吗？""别那么激动？你知道我经历了什么吗？"……那么你应该怎么说呢？比如："你心里一定很难过，那就哭出来吧"或者"觉得心里堵得慌，就痛快说出来，别憋着"。这样做就是要引导被安慰者把情绪宣泄出来，而不是阻碍他宣泄情绪。

4. 我能体会到你的忧伤，就像我亲身经历一样

稍微专业一点的关键词是"同理心"，直白一点的表达是：我能体会到你的忧伤，就像我亲身经历的一样。总之，在情感上要与被安慰的人保持一致，这种情感上的认同和同步会让对方觉得你是一个真正懂他的人。你懂他的感受，这对处于情感脆弱期的他来说非常重要。能做到这一点的才是真正懂得安慰别人的人。

怎么做到情感的同步？你需要在两点上下功夫：首先，用心捕捉对方的情绪变化，是伤心、焦虑、恐惧，还是不甘？然后在自己的经历中搜寻相关的经历，通过你的表情把这些情感表露出来，或者用语言把这种感受表达出来。如果你没有这些经历也不要紧，尽量表示认同就好。比如："发生了这样的事情，你一定很难过"，或者"我能想象你现在有多伤心"。需要注意的是，千万不可言不由衷，情绪和言语保持一致才是最重要的。

第三节 03

帮忙帮出仇人是怎么回事

　　我在前面的文章中说过关于低情商者的几个典型特征，其中有一条就是没来由地坚信付出就一定会有回报。尤其是在帮助别人这件事上，他们的信条就是只要肯付出，就一定会得到回报。这样的思想可能会直接导致帮忙帮出仇人。

　　比如，为了聚集人脉，对于一些明确超出自己能力的事情，他们总是会凭借满腔热情大包大揽，但是其有限的能力却撑不起想要帮助所有人的雄心，最后自己累个半死还搞砸了别人的事情。换来的只能是别人的白眼。

　　比如，看到别人需要帮忙的时候，他从来不会等

176

对方开口，立刻进入自动自发模式。完全不觉得需要先询问一下对方的意见，看看对方有没有别的安排。结果呢？好心办坏事的概率要远远高于雪中送炭的概率。于是，这个多管闲事的帽子就算是戴稳了。

再比如，有些人的事情旁人都不敢插手，唯独他敢。结果过程倒是很顺利，事情的结果也还不错，但是对方的态度却让他始料未及，不仅没能收获感恩，倒像是养了一个仇人。

我用一种近似白描的方法描绘了一个在帮忙这件事上弄不清楚状况的低情商者画像，但是千万不要因此就怀疑我对正能量的支持，相互帮忙、互相成就一直都是高情商课程的基本精神内核之一。我之所以描绘低情商者画像是为了告诉你，帮忙这件事需要讲究方法和策略，绝不只是凭着一副热心肠就能万事大吉。如果没有一套帮忙的智慧作为支撑，那帮忙帮到没朋友这种事迟早都会找上门来。作为一个高情商者，一定要有利他主义思维，但比这更重要的就是掌握一套帮助别人的方法和策略。

1. 非请勿动，动则必请

这句话是说，为别人提供帮助本来是一件好事，但是千万不能表现得过于急切，最好是等对方开口请你帮忙之后再量力而行，就算你担心对方不好意思开口求助，也要在行动之前问清楚对方是否真的需要帮助。为什么要这样？因为如果你对一件事过于主动，难免会让对方猜疑你是否别有所图。再则，对方不开口总有不开口的理由，也许是在想别的解决方案；也许对方真的需要帮助，但是你并不是理想的求助对象。这时候你贸然介入必定会打乱对方的计划，这就是典型的出力不讨好。所以，答应对方的求助是一种情分，对方会念你的恩情；但是过于急切那就是多管闲事了。

2. 事求圆满，话不能太满

答应对方的事情就一定要尽心尽力去完成，力求把事情办得圆满。但是不管你对这件事情有多大的把握，在答应对方的时候你都要给自己留点后退的余地。类似于"包在我身上""绝对没问题""对我来说小菜一碟"这类的话，虽然听起来很提气，但是你最好不要轻易说出口。因为凡事皆有意外，你无法预见这中间会有什么意想不到的事情发生。万一事情出现疏漏，对方会觉得答应得好好的却没办好，那肯定是你没尽力。最糟糕的就是因为你的大包大揽，对方把所有的希望全都压在了你的身上。事情要是没办成，你们会不会反目成仇呢？所以，稳妥的表达方式应该是这样的：这件事情，我会尽我所能去完成，但是为了防止出现意外，你最好准备一个应急的方案。对于特别重要的事情，千万要提醒对方一定要准备备用方案。

3. 多参谋，不越权

同样的事情，帮别人做比给自己做要难得多。因为自己做事，后果由自己来承担，这就拥有足够的决策自主权。但是当你给别人帮忙的时候，这个决策权并不在你手中，所以结果的不确定性会更大。虽然对方可能会说事情交给你了，一切都会听从你的安排，但你也需要把重要的事情跟对方讲清楚，让对方做这个决定。一些重要决策的签字等也不应该由你主动代劳。虽然有时候把一些相对专业的知识跟对方讲明白并不是一件轻松的事，但也得让对方明白某个决策可能会带来什么样的后果。当对方明确将会面临什么的时候，让对方做出最终的决策。你需要记住的就是，谁来承担后果谁才应该拥有决策权，你所能做的就是多参谋，跟对方把利害说清楚，但是千万不能越权。

4. 帮忙也要讲究价值的算法

帮忙也要计算价值吗？当然要。算什么？算的是在对方请你帮忙的这件事情中有没有体现出你的优势价值。比如，你是一个律师，朋友遇上法律方面的问题求你解惑，你运用的是你的专业知识，体现的就是你的优势价值。这是你擅长的事情，也是别人不具备的优势。这件事就是可行的。但要是有个朋友家里在装修，想让你过去帮两天忙，这个事情就完全体现不出你的价值优势。你完全可以介绍一个靠谱的装修公司给他，这比你去干装修的活儿靠谱。这个原则就是用你的优势去帮助别人，别把时间和精力浪费在那些低价值或者你根本就不擅长的事情上。

5. 帮勤不帮懒

当有人向你求助的时候，你除了考虑自己能不能胜任，还需要考虑这件事到底值不值得帮。这个标准就是，寻求帮助的人是因为事情本身真的超出了他的能力范围，还是因为这件事他自己能做，甚至能比你做得好，而他纯粹是因为怕累想找个免费的劳工而已。如果是后者的话，客气地告诉他你也很忙，真的抽不出时间。要是担心这样不太好，那就告诉他解决的方法，具体的事情还是请他自己来做。

6. 接受回报是必须的

为别人提供帮助，到底要不要接受回报呢？我的观点是，最好接受，不过要注意技巧。这样其实容易被误解，很多人会打着"施恩不图报"的旗号说这有损人品。但其实这是情商的问题。为什么？因为接受对方的回馈，不只是一种接受，更是一种给予，你给予对方的是尊严。这才是高情商者应该做的事。你需要注意的就是在别人"富裕"的地方要回报。比如一个还在实习期的同事，你帮助他解决了工作上的难题。请你出去吃饭对他来说可能是一笔不小的开支，索性就请他帮你跑个腿吧，这个回馈方式对他来说是力所能及的。需要记住的是：**不计回报、不计成本的帮忙其实是在碾轧对方的尊严，你可能会好心办坏事；巧妙地接受对方的回馈，你的帮忙才能帮你赢得人脉**。高情商者都应该知道在社交这件事上，让对方保有尊严有时候比给予更重要。

第四节 04

真的高情商就是敢明目张胆地恭维别人

　　恭维之所以会成为人际交往中的痛点，跟它的地位有很大关系。怎么定义恭维的地位呢？就是特别微妙。要按它在社交中的作用来说，它的地位非常高，恰到好处的恭维是高效社交的润滑剂，是高情商者必不可少的社交利器。然而，却没有多少人愿意把这个话题放在明面上来探讨，要想在这方面进一步学习和提升就更是一件难事了。这是因为很多人一直都弄不清楚恭维和谄媚的区别。虽然恭维备受争议，却并不妨碍其在社交中的作用。人天生就喜欢被赞美、被认可，这是人本能需求中非常重要的一部分。虽然我们知道那不一定就是真实的，但是依旧会为我们带来愉悦感。有人可能会说，有些伟大的人物就不喜欢被赞美。那我就需要更正你一下，他们不喜欢的是露骨的阿谀奉承，而不是恰到好处的赞美。

众所周知，晚清三杰分别是曾国藩、李鸿章和左宗棠。"三杰"之一的曾国藩特别不喜欢别人对他阿谀奉承。有一次晚饭后，他跟几个幕僚在一起闲聊，说起了当时的风云人物。曾国藩就说："彭玉麟、李鸿章都是大才，为我所不及。我可自诩者，只是生平不好谀耳。"这句话意思非常明显：像彭玉麟、李鸿章这样的人物都是有大才干的，我跟他们不能比。但是我唯一值得自豪的就是，我不是那种喜欢奉承的人。曾国藩说完，旁边的一个幕僚接过话茬说："您跟这几位都各有所长，彭公威猛，人不敢欺；李公精敏，人不能欺……"

话说到这里可就有点尴尬了，本来按照既定的逻辑，接下来肯定是要说赞美的话了。但是曾国藩已经有言在先了，说自己最值得自豪的地方就是不喜欢被人奉承，接着夸下去是不是就有点顶风而上的意思了？然而曾国藩听到这里却来了兴致，对在场的人说："那你们觉得我怎么样呢？"继续说的难度有多大可想而知，这时候是不是绝对不能再说赞美的话了呢？绝对不是。

这时候走出另外一个幕僚，说："曾帅仁德，人不忍欺。"

这是不是赞美的话呀？明显就是嘛。但是这个刚刚说过自己最讨厌阿谀奉承的曾国藩听了之后是什么反应呢？一边哈哈大笑，一边连连摆手说："不敢当，不敢当。"却在事后打听这个幕僚的情况，并且说："此人有大才，不可埋没。"

　　发生这么神奇的事情到底是因为什么呢？就是因为我们有被认可和被赞美的需求，这种需求的力量是毋庸置疑的。这也是本文想要谈谈赞美和恭维的底气所在，在此之前我们需要先明确恭维和谄媚的区别。此处借用一下两位大师级人物的话，一位是我们熟悉的国学大师南怀瑾，他是这样说的："对别人勇于直言不讳地批评是品行刚正的表现，但善意地恭维别人也是世间必不可少的。不管别人怎么认为，我总觉得，多说别人一些好话更对一些。"另一位是日本著名佛学家、社会活动家池田大作，他的话是这样的："为了个人阴暗的私利而极尽溜须拍马之能事只是可鄙的小聪明，但是看到别人的优点够坦荡地赞美别人，却是胸怀宽广、能成大事的表现。"南怀瑾的话告诉我们赞美和恭维的重要性，而池田大作的话则直言不讳地点明了赞美和谄媚的区别。

　　总结：谄媚和阿谀奉承是为了一己私利而不顾事实，刻意、夸张地溜须拍马。赞美和恭维则是在对方优点的基础上坦荡地认可，是好话，既是胸怀宽广的象征，也是能成大事的表现。所以赞美和恭维我们不仅要会说，更要坦坦荡荡地去说，要坦坦荡荡地学习赞美和恭维的艺术。

　　明白了赞美和谄媚的本质区别，现在就该坦坦荡荡地学习，坦坦荡荡地去实践，做一个会赞美别人的高情商者。那么高情商者该如何修炼赞美和恭维的艺术呢？

1. 逢人减岁，遇物添钱

这是人人都应该掌握的恭维的技巧，意思就是见到年长者你应该在其实际年龄的基础上再减去几岁；要是评价别人的物品，则应在原有的价钱上再加价。这是进行善意的恭维一个通用的技巧。当然这个实际年龄和实际价格就要用你的眼光来判断了。如果你实在看不出实际年龄和实际价格，那就按照你所认为的最小的年龄和最高的价格来说。对于一些奢侈品品牌，你最好是按照正品来说。不要怕说错了，即使错了对方也不会生气。不过使用这一法则，你需要把握好一个适度原则。如果你偏要把一个长者夸成是年轻人，对方会觉得非常尴尬。

2. 要言之有物，不可空穴来风

有些不太会恭维别人的人，为了偷懒总想着套用一些现成的恭维话。这样做会非常糟糕，用不好会闹笑话。赞美和善意的恭维是建立在对方的优点基础上的，所以一定要言之有物，千万不能空穴来风。比如说有人觉得夸女性漂亮是一件很稳妥的事情，但是对有些人并不适用，如果你套用这个方法夸对方漂亮，很可能会被认为是一种嘲讽和挑衅。正确的做法是，你需要夸得具体一些，一定要精准到位。就算对方不算漂亮，也许她身材苗条呢？就算是身材也不苗条，也许她皮肤好呢？只要夸得准，对方一定会很开心。

3. 投其所好，说出一种可能性

这个方法适合那些见过面或者比较熟识的朋友，因为你知道对方整天心心念念的是什么，所以你就可以投其所好，说出对方心中所期望发生的事情。使用这个法则，你需要使用一个模糊的表达法。比较好用的词是"看起来""好像""是不是"这种充满了可能但是并不确定的词语。比如，你知道对方在减肥，下次见面的时候就可以说"你看起来好像瘦了，看来你的努力见成效了"，而不是"哎呀，你可比原来瘦多了"。如果对方告诉你不仅没瘦，还比原来胖了几斤，这岂不是要弄巧成拙了？当然，如果对方真的变化很明显，那就尽情地赞美吧，不过那时你使用的就不是这个技巧了。

4. 适当自嘲，但不可自辱

有时候对方身上的优点并不是很明显，现实中确实存在这种情况。不过这并不影响你进行恰当的恭维和赞美，只是需要你有一些自嘲的勇气和智慧，需要用你某些无伤大雅的不足来跟对方对比，以突出对方的某些优点。比如对方属于中等身材，但是你体形稍胖，你就可以夸对方体形好，对方也许会说"我也就一般了"，你可以接着说"在我们这些胖子眼里，这样的体形就已经很让人羡慕了"，对方会不会高兴？当然会。但是切记自嘲不可过度，如果到了自辱的程度，那真就变成一副谄媚的嘴脸了。这绝对不应该是高情商者应有的形象。

05

越"骂"越亲近才是真的高手

你有没有过批评别人的经历？我敢肯定，绝对有。那么有没有人因为批评别人而把关系搞僵，从而把事情也搞砸的经历呢？我敢肯定，绝对有。

比如公司新来的实习生成了你的搭档，毕竟是新人，各方面的不足导致他错误频出。于公于私你都觉得有必要找实习生谈谈，这种情况下的"谈谈"其实就是一种批评。在整个过程当中你觉得自己已经做到了推心置腹，接下来对方就应该迎头赶上，跟你齐头并进了。可是你没想到，第二天你的搭档就消失了。原因竟然是对方觉得自己的人格受到了侮辱，撂挑子不干了。

　　比如，你是一家杂志社的编辑，你们的设计工作是外包的，你需要经常跟设计公司的设计师对接。可是最近一段时间你觉得对方发过来的方案水平比之前差了很多，经过多次调整之后，勉强算能交差了。于是，你想跟对方聊聊他近来的工作状态。聊的结果却是，第二天人家告到编辑部主任那儿，要跟你们终止合作。

　　经历了这样的事情，是不是感觉非常不爽？会不会想到当下很流行的一个词叫作"玻璃心"？虽然"玻璃心"这个词现在很流行，网络上也经常能搜到与它有关的事情，但那不过是网络聚焦效应而已，它在我们工作中出现的频率并不高。如果你感觉你遭遇玻璃心的频率确实高得吓人，那我们就有必要谈谈批评的艺术了。玻璃心的存在是事实，但是你也应该反思一下你在那些"谈谈"或者"聊聊"的过程中到底有没有做错什么。以下是几种常见的错误的批评方式，欢迎对号入座。

1. 批评还是发泄，傻傻分不清

　　很少有人能够在批评的时候不带一丝情绪，但是高情商者了解批评和发泄的区别，在批评时会拿捏有度，让对方不自觉地进行自我反思；低情商者则会把自己的行为完全交给负面情绪，一旦受控于负面情绪，就不可能出现一个好的结果。后者做的所有事情、说的所有话都是为了把憋在心里的负面情绪发泄出来。那他所发起的这场谈话其实就不能叫作批评，而应该叫作谩骂。我们平时见到的张牙舞爪指着别人的鼻子将其骂哭的那种行为都属于谩骂。俗话说，无耻的谩骂能够把天才变成庸才，可见这样毫无节制的情绪发泄能够击垮一个人的自尊和自信心，自然也就是情理之中的事情了。

2. 说人还是说事，傻傻分不清

为什么你只是跟他谈谈工作当中的错误，却让他有一种人格受到侮辱的感觉呢？因为很多人在批评的时候没有把人和事分开。有的本来想就事论事，但是自身实力不允许；有的则是因为觉得事是人做的，事没做好肯定是人的原因，为什么还要分开呢？不管是哪种原因，他们的批评中都会充斥着"笨""不负责任""无能""没出息"这样的字眼儿，哪怕没有这么直白，也依然句句充满了对人的否定。谈话本来是应该针对事情的，却不知不觉就变成了针对人，轻而易举地就把批评演变成了批判。虽然只有一字之差，但是事情却有了本质上的区别。对方觉得你是在针对他，或者跟他过不去，看他不顺眼，也就不是什么难以理解的事情了。

3. 过去和当下，傻傻分不清

在批评的时候，有些人的思维是信马由缰式的，听的人完全抓不住他的逻辑。一会儿说说眼前的，一会儿说说以前的。说的人滔滔不绝，听的人频频点头。过后，被批评的人却想破脑袋也弄不明白自己是因为什么挨的这顿骂，而批评的人事后想想也弄不清楚自己到底都说了些什么。这样的批评除了耽误时间和破坏关系，也没有什么别的价值了。

　　针对上面这些错误的做法，首先可以自我对照一下，看看这些错误你占了几条，然后就能明白为什么你会遇见那么多的玻璃心了。要想在批评别人的过程中，用最小的代价实现最大的价值，平和而有效的谈话必不可少。你需要掌握如下技巧：

1. 有效的批评需要清晰的目标

　　这是进行一场高效批评的第一步，要想取得预期效果，你需要在进行批评谈话之前弄明白你的目标是什么。说到底，批评和表扬一样，都不过是用来激励人的手段，都是希望激发谈话对象的积极性。既不是要摧毁一个人的信心，也不是为了彻底否认某人的能力。认识到了这一点，才不会在表达时说出一些过激的言语。让人变得更优秀、更积极，这是所有批评的总目标。不过光有这个总目标还不够，你得有一个足够清晰、具体的小目标，你这次谈话所特有的目标。比如，对于不太会顾全大局的副手的批评，你的目标是让对方意识到这个问题的严重性，从而变成一个具有大局观的人。有了这个目标，你才能把主要精力放在怎么达成目标上，这样的批评才会更加高效。

2. 用沉默的力量代替语言暴力

　　批评的艺术讲究的是在不给对方带来伤害的基础上实现自己的目标。不过这并不等于说我们不能表达自己的情绪，而且正确地运用情绪的力量还有利于对方意识到问题的严重性。这样才能引起对方足够的重视，你达成目标的概率才能更高。高明的批评者从来不属于使用过激的语言来表达自己的情绪，却会巧妙使用沉默的力量向对方传达自己的失望或者愤怒。要想在批评时充分发挥沉默的力量，你需要的不只是闭口不言，还要辅以一些肢体语言和微表情。比如用深呼吸来平复情绪，用轻揉额头来传达你的失望。这既是平复自己、避免失言的有效方法，也是在向对方传递一种信号。沉默用在谈话之前，可以让对方意识到问题的严重性；用在谈话中间，有利于对方反思自己的过错；用在谈话结束之前，有利于对方对接下来要面对的结果有一个心理准备。因为很多时候，批评过后还需要被批评者承担一些后果。

3. 把握轻重话的分寸

关于批评，古人有句话叫作"响鼓不用重锤"。那是因为响鼓的鼓面已经绷得很紧，再用重锤很可能会把鼓敲漏。现在我们探讨批评的艺术，原因也是如此。不过，有时候重话该说还是得说。否则，总是说一些不痛不痒的片儿汤话，做一个老好人，根本就解决不了任何问题。我们需要做的是把握好说轻重话的分寸。具体的方法就是，重话放在事情不是很严重，对方还没有放在心上的时候说才能让他警醒。但是如果事情已然非常严重，严重到已经影响到了对方的心理状态，这时候就要重话轻说甚至不说，除非你已经打算放弃他了。

很多新入职场的人会觉得，批评是领导对下属做的事，而自己现在只是一个新人，有什么资格和机会批评别人呢？其实不然。批评在本质上是与人沟通的一种行为，而擅长沟通则是高情商者的一种体现。因此修炼高情商就避免不了学习与人沟通的艺术，而批评的相关话术则是绕不开的学习内容。如果掌握好以上这几种批评的方法，就可以解决我们生活中经常遇到的大多数相关问题。

第六节 # 06

不是谁的"对不起"都能换来"没关系"

　　道歉，其实是一个大家都不愿意多谈的话题，因为说起来多少会有些尴尬。但是这个话题我们必须谈，因为我们的目标就是用高情商解决现实的问题，而道歉绝对是一种很难解决的人际交往问题。这个问题不解决好，你就无法成为一个真正的高情商者。说起道歉的经历，想必大多数人都有自己的痛点。有道歉成功的，彼此之间关系一如以前，仍然相交甚密；有道歉失败的，轻者彼此关系受损，重者老死不相往来甚至反目成仇。那么关于道歉，最重要的是什么？

　　是勇气吗？这是一个不错的答案。因为不是谁都能直面自己的过失，说出"对不起"这三个字的，道歉确实需要勇气。

是真诚吗？这也是一个不错的答案。当事情需要你道歉的时候，也就意味着你已经给别人造成了一定的损失或者伤害，不管是有心还是无心，都不是仅凭"对不起"这轻飘飘的三个字就能解决的。所以，道歉必须足够真诚。

是担当吗？这个同样非常重要。缺少了担当的道歉，不管怎么说都显得非常虚伪。可以说，勇于担当是道歉的灵魂所在，也是绝对不能少的。

也许你还能想到其他因素，而且也都非常重要。不过我们要认识到，类似这样的因素对合格的道歉来说虽然必不可少，但是它们都属于精神内核范畴之内，它们并不能直接帮你解决能不能被原谅的问题。这些因素都需要你有一些具体的方法来确保实施，因为道歉也是有目标的，我们不能否认这一点。比如你想要获得某人的谅解，你需要挽回的人或事，这些都是你道歉的目标。这些目标能不能达到，这些精神内核上的因素都是非常重要的，因为这些是基础。不过，我们还需要掌握以下这些道歉的技巧。

1. 道歉要看时机

做什么事情都要讲究时机的把控，道歉当然也不例外。从原则上来说，道歉的时机把握应该遵循及时原则。如果只是一些小误会、小失误，就一定要及时道歉，以免对方对你形成成见，或者在心里留下芥蒂。这时候越早道歉就越能让对方感受到你的诚意。但如果事情比较严重，对方的情绪难以平复，那就不是越早越好了。当对方还在气头上的时候你就往枪口上撞，实非明智之举，这样不仅解决不了问题，还有可能让事态进一步恶化。这时候不妨冷静一下，等对方能够正常对话的时候再道歉也不迟。

2. 开口引言，释放情绪

有时候也许是因为太想早点儿结束这个令人难堪的过程，所以很多人在道歉时总是一开口就说一堆话。比如："对不起，刚才是我的态度不好，我不该对你说那样的话。其实我当时是想说……"然后就一股脑儿地把所有的话全都说完了。最后还不忘加一句："我现在知道说这样的话是我的不对，希望您能原谅。"道歉者所说的内容我们先不做评论，我们先想一想，这种道歉的方式合适吗？所有话全都让道歉者说完了，对方除了说一句"没关系"还有别的选择吗？如果有，那就是再跟道歉者吵一架。为什么？因为对方心里是憋着一口气的。道歉者把话全说了，就给对方留下一句"没关系"。对方要是真的顺着道歉者的意思说了这句话，就会有一种被逼迫感，心里会不会更堵得慌？我们**要明白，批评也好，道歉也好，都是非常危险的沟通形式。因为它们都是在情绪极度不稳定的情况下进行的。批评需要的是制怒的能力，道歉需要的则是引导对**

方释放情绪的能力。做不到这一点，就别指望能有一个好的结果。怎么办呢？先说一句"对不起"然后停住，把说话的权利交给对方，让对方胸中堵着的这口怨气随着表达发泄出来。一旦对方心里舒坦了，接受道歉就没有那么难了。

3. 引导对方做一次复盘

所有的道歉都避不开"错在哪里"，如果连错在哪里都不知道，恐怕很难让对方相信你的诚意。就算你说起来会觉得有些尴尬，那也不要回避，因为避无可避，而应该理顺"错在哪里"。不过，在怎么表达上还是有些讲究的。比较靠谱的方式就是引导对方做一次复盘。怎么做？就是有节制地表达。当你跟对方说"对不起"之后，不妨先说事件当中的某一个细节，或者比较笼统地说你不对的地方。比如"对不起，我刚才不应该跟你说那样的话"，或者"对不起，我刚才对你的态度不好"，那么对方一般会怎么说呢？多半是"你哪些话说得不对了？"或者"你态度怎么不好了？"这就是个不错的开始，你的引导已经产生作用了。然后你就可以带着对方进行复盘了。要记住复盘的目标是，用具象化的自我批评来展示自己的诚意，化解对方的怒气，而不是为自己辩解，不然又会重燃战火了。自己的错误要表达出来，但要简洁到位。后面的自我批评才是重点，否则在自己的错误言行上停留太久，说不定又会勾起对方的怒火，那可就得不偿失了。

4. 用善后展示自己的诚意

我们都明白一个道理，那就是要想知道一个人心里是怎么想的，不要只听他怎么说，还要看他怎么做。这一点在道歉这件事上尤其明显。该承认的错误承认了，自我批评也做过了，对方的怒火也平息得差不多了，这个时候就该拿出你的善后方案，跟对方说一下你准备用什么来弥补你的过失了。这才是真正展示诚意的时候。具体用什么样的方案，那就要看这件事情到底有多严重。需要注意的是，给出具体方案时一定要给对方足够的尊重。比如把对方引向宽容大度的人设，对方的怒气本来就消了一大半，再加上这个高端的人设，选择谅解你也就顺理成章了。

5. 用过往达成谅解

前面说的事情都做好了，道歉看起来完成得差不多了。其实不然，因为这时候才是决定你收获的时候，千万不能掉以轻心。如果你只是简单地说一句"谢您原谅"，就太草率了。要知道，上面的事情全做到了，那也只是说这件事情解决了，但是由此对你们的关系造成的破坏你尚未来得及修复。不做修复的话，很可能这件事情翻篇儿了，而你们的交情也随之翻篇儿了。怎么修复呢？离开当下，回顾过去，展望未来。重申一下你们过往的美好，记住，不是强调你对对方的好，而是你们一起经历的美好。千万不要弄混了，否则将前功尽弃。最后展望一下未来，经常说的那句话是："我们之间经历了那么多，才建立这么深厚的感情，以后我会更加珍惜的，你看我的表现。"这就是在表决心，更是在为以后的继续交往开一个好头。为什么有的人吵架之后会变得生疏，而有些人却能越吵越亲密呢？区别就在于高情商道歉艺术上，希望你能掌握，在遇到类似问题的时候，能够游刃有余。

PART 07

第七章

让闲聊
更有价值

沟通之前先来点开胃"闲聊"

前几章讲述了很多高情商变现的法则和方法，但是这些只有在与人接触的过程中才能施展。我在上一章提过，高情商变现其实就是搞定人的过程。而要想搞定一个人，就需要对方能跟你好好说话。这就需要一个开始，一个能够在语言上进行零距离接触的开始。能否很好地做到这一点，考验的是我们"闲聊"的功夫。什么是闲聊？唠嗑？扯闲篇？搭讪？从社交功能的角度来看，这个"闲聊"确实跟搭讪有些相似的地方。但是仔细说起来，它们之间还是有很大区别的。搭讪，讲的是包括自我介绍在内的用来完成从 0 到 1 的社交方法，注重的是一个开始。而本文所讲的闲聊的技术，不仅要从 0 到 1，还要把这个"1"牢牢地固定住，给它衍生无限可能的机会。

比如，在一个慈善酒会上，你端着一杯酒走到一个陌生人跟前，客气而又礼貌地向他介绍了自己，对方也向你做了自我介绍，然后呢？

比如，在飞机上，邻座的姑娘瞬间就捕获了你的注意力，让你有一种小鹿乱撞的感觉。你对她微微一笑，对方也回了一个甜甜的微笑，然后呢？

比如，在一次行业交流会上，某位同行无意间露的那么"一小手"让你叹服不已。你主动走上前去向他表达了敬佩之情，然后呢？

而"闲聊"要解决的就是这个"然后"的问题。介绍完了，寒暄完了，第一回合的接触完成了，然后能不能发起一次愉快的聊天，这才是能不能开启一段关系的关键。我经常会在一些活动上看到一些新人，他们的开场白和自我介绍设计得不错，却不能解决这个"然后"的问题。介绍完自己，转身就奔下一个目标了，好像他们所要做的就是要跟所有在场的人介绍一遍自己，却并不关心别人能不能记住他。其实，他们非常希望别人能够记住自己，但他们真的不知道接下来还能做什么。为了避免令人尴尬的冷场，就只好仓皇逃离了。没错，他们并不是真的想离开，而是被迫逃离。这是一件非常遗憾的事，逃离的结果就是你的一番辛苦跟那些扫楼发名片的效果差不多，甚至还不如。

　　我猜那些错失良机的年轻人，没人跟他们说过"闲聊"的技巧。关于"闲聊"我们要知道的第一句话就是：**作为陌生人社交的第一个环节，你没办法为它设置任何主题，也无法期望能达成某个明确的决议，但是它本身对于开始一段新关系却有非常重要的作用**。这句话听着有点绕，但事实就是如此。说它重要，那是因为它决定着接下来的这段关系能不能被确定。说它不能被赋予任何明确的意义，那是因为这时情感交流尚未进行，彼此的信任感还没有建立，这时候谈什么都为时尚早。这就是我要告诉你的做好"闲聊"的第一个关键点——心态：闲聊不闲，却无法承受任何任务。明明很重要，你却只能等闲视之。最忌操之过急，最忌交浅言深。

　　"闲聊"的第二个关键点——切入的角度。只有选好了切入点，才能顺利地拉对方入局，让对方与你展开一段对话。怎么选择这个切入点？我教你一招：勾联发问法。就是上面能联，下面有钩。具体的做法就是，关注眼前所见和寒暄的内容，从这里面寻找你的切入点。比如，上面提到的第一个例子，你先向对方介绍了自己，然后对方也做了自我介绍。那你接下来"闲聊"的切入点就在他自我介绍的内容当中，比如说他的名字、职业、家乡或者毕业学校，再或者供职的公司。这就要视对方自我介绍的内容而定了。

　　再比如上面第二个例子，双方只是相视一笑，并没有过多的交流。这时候不管是主动向对方介绍自己，还是询问对方一些情况，都会显得唐突。如果对方是一个大大咧咧的人倒也罢了，如果你遇到的是一个一贯谨慎的女孩，接下来她可能就会下意识地与你保持距离了。那时候再想办法破局，困难可就大多了。这时候你的切入点就应该在眼前所见的景物当中寻找，比如说她的穿着打扮、随身携带的物件，或者她正在看的一本书，再或者是她身上背的包。

这就是勾联法当中的联，就是要联系寒暄的内容和眼前所见。那么，找到切入点以后，如何勾出对方的兴趣，让他主动参与进来呢？最好用的方法就是发问，把你找到的切入点以问题的形式抛给对方。只有问题才是钩住对方兴趣和注意力的最好方式，只不过不是任何人都能恰到好处地提问的。如果方法失当，对方则可能笑而不答，找借口离开，甚至直接转身离去，甩给你一脸的尴尬。有什么需要注意的呢？**第一，不能涉及隐私，因为你们还不熟。第二，不能让对方难堪，如果不能给对方足够尊重的话，对方也不会把你当回事，哪怕你并不是有心的。第三，不能让对方太费事。沟通是一个传球的过程，你既要保证传出去的球对方可以接到，同时对方抛来的球你自己也能接住。**

比如，面对一个让你心动的姑娘，如果你上来就问人家年龄，那人家多半也只会回你一个白眼让你自己体会，甚至会怼你一句："我跟你很熟吗？"因为你的问题已经涉及对方的隐私。

比如，对方自我介绍说是一个程序员。你接着问："听说程序员大都不修边幅，而且多半都是'钢铁直男'，这是真的吗？"你猜对方会怎么回答你呢？很明显，你的问题已经让对方很难堪了。

再比如，得知对方是一位律师，出于好奇，你向对方请教修改后的新《婚姻法》当中关于离婚时财产分割的内容。那么，你是想要对方当场给你上一堂普法教育课吗？这个问题太累人了。

如果这三点你都成功避开了，最起码对方就不会拂袖而去。但是要想成功钩住对方的注意力，还要做到以下几点：**第一，在对方优势点或者兴趣点上发问；第二，用开放式的发问代替封闭式的发问；第三，问题中加入赞许的元素。**

比如对方正在翻阅一本时下很流行的《三体》，你可以问一下科幻小说方面的问题，这可能是对方感兴趣的地方，对方就此打开话匣子的可能性很大。

比如，对方身材健美，如果你问："你平常经常健身吗？"这就是个封闭式的问题。对方只需要回答"是"或者"不是"，你要想把闲聊进行下去就不得不再抛出别的问题。然而，一旦你的问题超过三个，对方就会有被"查户口"的感觉，这样就很难聊下去了。如果你问"你是怎么做到的"，那对方就会不自觉地多说一些。如果你问"听说健身是一件很难的事情，能告诉我你是怎么做到的吗"，就更能激起对方谈话的兴趣了，因为这里面隐藏着对对方的羡慕和赞许。

　　总而言之，要想和陌生人开启无压力的接触，就要充分认识到闲聊的重要性，同时还得明白闲聊不能承担任何明确主题的特性。其次，采用勾联发问法巧妙进入聊天模式。另外，要注意勾联发问法的三个"禁忌"和三个"必须"，能帮助你把这件事做得恰到好处。

聊得开心，就必须你来我往

关于怎么由自我介绍和寒暄问候进入聊天模式，上文讲了心态问题，也讲了具体的方法。但是并不是所有能够巧妙进入聊天模式的人都能收获一场愉快的聊天，很多不能好好聊天的人会犯两个典型的错误：第一，聊天的模式不对；第二，把握不好聊天的节奏。那么，该如何避免这两个错误呢？

聊天真的需要讲究模式吗？我们先还原两个生活中比较常见的场景，你看看是不是有种似曾相识的感觉。

场景一：

凯丽在图书馆邂逅了一个心仪的男生，除了初见时怦然心动的感觉，还被他渊博的学识和幽默的谈吐所折服。第一次在图书馆短暂的交谈之后，直率的凯丽就主动提出了下次见面的邀约。虽然这个让凯丽心动的男孩条件不错，但是凯丽的条件也毫不逊色，不管是容貌还是学识。但是在他面前，凯丽却不自觉地放弃了表达的机会，只是静静地听着他说，时不时地点头表示附和。即使有时候她有更好的见解，也还只是点头称是，因为她担心说出不同意见他会不开心。可是，又见过两次面之后，这个男孩就开始找各种借口不来赴约了。在凯丽的追问下，这个男孩说他不喜欢完全没有自我，只知道应声附和的女孩子。

场景二：

相对于刚刚工作不久的小庆，大黄算是一个资深的前辈。小庆知道以大黄在专业上的造诣，如果自己没点分量的话，恐怕他是不会把自己看在眼里的。于是，在整个聊天的过程中，小庆都在竭力展示自己的专业水平，想给对方留下个好印象。但是这次聊天以后，小庆就再也约不出大黄了。就连在微信上的交谈，大黄也变得越来越冷淡。后来大黄跟身边的朋友说，小庆这小兄弟挺机灵的，悟性也不错，如果肯静下心来钻研技术的话，将来肯定会超过咱们。但是他心浮气躁，只知道到处炫耀自己，这可是咱们做技术最大的忌讳。以他现在的技术水平，就敢在我们面前夸夸其谈，这也有些太不知深浅了，怕是很难再有更深的造诣。

这两个场景就是错误的聊天模式的示范，凯丽的聊天模式我把它叫作"捧哏式聊天"，而小庆的聊天模式我把它叫作"麦霸式聊天"，都是教科书式的低情商聊天示范。如果你真有心要开启一段关系的话，你应该寻求的其实是一种"陪练式"的聊天模式。"陪练式"的聊天模式到底是什么样的？首先不能只会说"嗯""啊""是的"这类毫无意义的话，你得会喂招。从形式上来说，必须做到有来有往，对方有来言你有去语。从对抗性上来讲，你得从喂招接招的过程中让对方感受到你的实力。首先，你得让对方感觉到，面对的是一个有意思的对手，而不是在打一个木桩。其次，它也不能是"麦霸式"的。你得明白，你出招发力的目标是"喂招"而不是在擂台上干掉对手。不管是发力过猛，抹掉了对方的存在感，还是为了证明实力自顾自地打起了自己的套路，把对方晾在一边，这都是非常失败的。我们想要寻求的正确的"陪练式"的聊天模式，其特征是：**独立基础上的配合，你来我往的交互，既不能碾轧对方，也要保证自己不被对方碾轧。要做一个有意思的陪练，既不做木桩、沙袋，也不做论定输赢的对手。**

　　所以，要想进行一场高水平的聊天，选择聊天的模式很重要。但是正确的"陪练式"的聊天模式，也并不是找到角色站位就能做好的。那怎么才能做到呢？要想做到这一点，你还需要很强的控场能力，你需要控制整个聊天节奏。再进一步来说，要想做好"陪练式"聊天，你至少应该具有三种能力：**让对方开口的能力；巧妙接过话题的技巧；及时转换话题的技巧。**

上一篇文章在讲怎么由寒暄进入聊天模式的时候说过发问的技巧，在这里同样适用。需要补充的是，你需要注意发问的时机。如果选择的时机不对，再高明的发问技巧都不能奏效。怎么把握这个时机呢？仔细观察对方的微表情，判断对方此时的精神状态。如果发现对方不够放松的话，那么你最好先给对方打个样，卸掉对方的防御心理，然后再发问，效果就会好得多。比如，对方是一个形体保持得很棒的人，但是他现在双手抱胸，表情略显僵硬。这就表明对方现在正处于精神防御状态，你这时候最好不要直接发问。因为不管再怎么注意技巧，这个问题终究还是针对他的，都会进一步加强他的防御心。不妨这么说："你的形体保持得真好，我也曾经做过这方面的努力。我曾经……但是……对我来说这真是一件很困难的事情，你有什么秘诀能分享给我吗？"没错，**如果对方还没做好愉快聊天的准备，那就自己先来第一棒，在对方擅长的领域讲讲你的糗事，适当露怯，让对方彻底放松下来。然后顺便施展发问的技巧，让对方开口。**

那么，当对方的发言告一段落，很多人都会习惯性地应一声"嗯""哦""原来这样哦"。如果这么做的话，那就掉进"捧哏式"聊天的套路了。那应该怎么接呢？首先绝对不能用"嗯""哦"之类的词。因为这样会让对方觉得你是在敷衍，最多也只能表示你听到了。而对方需要的绝不仅是你听到了，**而是你听懂了，起码也是非常用心地在听**。如果你能顺便在他的基础上做一下延伸的话，那

就再好不过了。所以，正确的接过话题的方式是："太棒了，我原来一直以为是……看来我得在……方面下点功夫了。""你的意思是说要……这样确实能够……我还听说有一种方法是……"如果你实在没有听懂也没关系，不妨先复述一下对方的核心观点，顺便提出你的疑惑。这说明你真用心听了，这在对方看来是一种尊重，对方会很乐意再给你做进一步解答的，这比随声附和和不懂装懂要高明得多。

但是，一直在同一个话题上深入下去有时候会让对方感到厌烦，从而失去聊下去的兴趣，所以，要具有转场的能力。什么是转场的能力？就是在各种话题之间随意游走的能力，就像影视剧当中的场景转换。聊天最大的特点就是随意、自由，不必在意一个话题的观点和结论。如果感觉对方对某一个话题不是很感兴趣，或者有些观点你实在难以认同的话，千万别犹豫，赶紧采用转场的技巧换一个新的话题。以下是几种最常用的转场技巧：

1. 延伸法

从对方的发言中发现新的话题。这样不仅能够成功转移话题，还能让对方觉得，你虽然不一定非常认同他的观点，但你真的很用心在听，很多时候这就足够了。比如："我刚才听您说小时候的事，很有趣。您的故乡是在南方吗？"

2. 沉默法

如果没有从对方的话语中发现很好的新话题，那也不用担心。

按下暂停键，适当停顿一下。顺便举起手中的酒杯，向对方示意，或者向对方让茶。然后再开始一个新的话题。

3. 注意力转移法

"来，喝茶"，等各自喝过之后，你还没找到合适的新话题，那么就把你的眼光从对方的脸上移开。留心观察，你的眼睛能帮你发现新的话题，比如窗外的天气，对方手边的手包……

总而言之，要想和对方的闲聊能够愉快地继续下去，就要做到有来有往的"陪练式"聊天，这需要掌握三点：**让对方开口，巧妙接过话题，及时转换话题。转换话题的时候，要灵活运用延伸法、沉默法和注意力转移法这三个技巧。**如此，便能在拓展新人脉的时候做到游刃有余。

两幅地图，保证闲聊不翻车

闲聊并不只是人们在刚接触时才有的一种状态，除了某些被固定好流程和内容的正式场合，比如会议或者谈判，我们平时与人相处 80% 以上都是在闲聊。闲聊的价值本书前面也说过一些，但是它的作用绝对不只是帮我们认识一些陌生的朋友。在熟识的朋友之间，闲聊也同样重要，比如本书前面说过的六圈法则，那些对你来说非常重要的信息不也得通过闲聊来获得吗？很难想象一方郑重其事地询问另一方家人和朋友的一些情况的场景，真是比"查户口"还要尴尬。

关于闲聊，很多人都觉得在面对一个陌生朋友的时候，需要非常小心，觉得这才是考验表达技巧的关键时候。因为大家相互比较陌生，一句话说不好就会给对方留下不好的印象。所以这时候，他们都会特别小心，这个看起来最危险的时候反倒很少出错。只要掌握了一些表达技巧的人，都能有比较出色的表现。与此形成鲜明对比的是，很多表达技巧不错的人，反倒是跟一些相对熟悉的人闲聊时经常出现状况。聊着聊着就闹僵了，聊天的人也被得罪了，最起码也是让别人对自己有了成见。为什么？因为很多人以为跟相对熟识的人聊天就可以放飞自我了，自己怎么开心就怎么聊，结果友谊的小船都不知道是怎么翻的，对方脸色都已经很难看了，自己还在那儿眉飞色舞。

那么，跟熟人聊天也要小心吗？当然需要。不然你问问自己有没有一些话题是自己不愿意涉及的，有没有一些话是不想让别人说起的？如果你有，别人肯定也有。尽管大家已经比较熟悉了，这些话也最好别说。不然越熟识越有往人家心口上捅刀子的嫌疑，这会把人得罪。跟熟人闲聊都要这么小心，那岂不是很累吗？没错，当我在线下课上把这些讲出来的时候，确实有不少学生问过这样的问题。我的回答是："没关系，我这里给你准备了两幅地图，有了这两幅地图，你做起来就会轻松多了。"现在我就把这两幅地图分享给你，虽然一开始做起来还是会觉得有些麻烦，但是这份麻烦是必需的。

在说这两幅地图之前，我们需要先了解一个真相，一个关于"干货"的真相。现在很多人都在喊着要干货，其实想要干货的想法本身没有错，毕竟现在大家已经看腻了那些猛灌鸡汤的文章，想要一点接地气的便于操作的东西是非常正常的。但是在追求干货的路上，却难免会有人跑偏。他们想要的干货是一种手把手、完全不用脑子、只要照做就能成功的东西。于是这才有了"学会这三招，你也能年薪百万"或者"做好这五步，你也可以像马云一样成功"这类的"干货"。类似这样的干货，能信吗？反正我是不信的，不仅不信，我还要把干货的真相告诉你：**从来就没有不动脑子，只要照做就能成功的干货。干货能告诉你的只是方法论而不可能是方法本身，能解决你问题的方法只能通过你从方法论当中举一反三悟出来**。如果真的有人一心想要那种只需要照着做的干货，那他不是务实，而是真的懒。所以，我接下来要说的是，我这里其实根本就没有两幅地图。我能告诉你的只是这两幅地图应该画些什么，不管是什么，最后还得你自己画上去。

　　我们先来说第一幅：偏爱地图。这个偏爱地图的概念是我从斋藤孝先生的《超级聊天术》当中引用来的，原来的意思是，对于你身边熟悉的人，你应该要熟悉他聊天时的喜好。你必须拥有"这个人喜欢这个事物""只要从这个话题切入就应该没问题"这样的意识。而将对方的这些聊天偏好合在一起就构成了他的偏爱地图，拥有了一个人的偏爱地图，在其面前你就拥有了万无一失的话题掌控能力。没错，斋藤孝先生的这幅偏爱地图指的是话题的掌控能力。但是我希望你的这份偏爱地图上不仅仅只有对方偏爱的话题，还有对方偏爱的沟通方式，或者他喜欢听到的一些词汇。

偏爱地图就是对方在聊天时的偏好，听起来很简单是不是？但是这件事情做起来要比想象的困难多了。当然这并不是说这么做有多高的技术含量，而是说这很考验人的耐性和毅力。要做到这一点就意味着，你在闲聊时得时时留心观察对方的反应，并用心记下一些关键的东西，然后你的偏爱地图才能变成现实。而且你身边的每一个你所看重的人，你都需要有一份关于他们的偏爱地图。这确实不太容易做到，但是如果你做到了就会发现，它带给你的回报绝对对得起你为此所做的努力。

斋藤孝先生在讲偏爱地图的时候认为，可以用它来掌握万无一失的话题。但我并不认为掌握了偏爱地图就能做到万无一失，不管是在话题把控上还是在表达方式的掌握上。高情商修炼的实践告诉我，除了对方的偏好，你还得知道对方讨厌什么，不然你就很容易在这方面栽跟头。举个例子，在"得到"上有一位我很欣赏的老师，就是《5分钟商学院》的刘润老师。如果我在微信上跟他交流，有一句话我是绝对不会说的，这句话就是："你好，在吗？"是不是觉得这句话完全没毛病呀？我们哪天不得说上好多次呢？也没觉得有什么不妥呀。那是因为你没对刘润老师说过这句话，如果说了会怎么样呢？刘润老师有一期课程专门讲过这个问题，这一期的题目就是《再问"你好，在吗"我就拉黑你》。为什么？刘润老师认为，这等于是要强行绑架对方对你接下来说的话立即做出反应。别人一旦回复了"在"，那接下来要是不想回复就成了一种失礼行为。你的"你好，在吗"其实是一种强人所难，所以他要拉黑这种人。如果你真需要与他微信沟通的话，你最好也不要说"呵呵"，因为在他看来那就等于说"我就静静地看着你装"。也不单单是刘润老师，很多我的超级人脉当中的前辈都对一些所谓的网络用语非常反感。我深知这一点意味着什么，所以在跟他们聊天时，他们忌讳的这些我绝对不会说出口。

把对方忌讳的话题、表达方式或者词汇汇集在一起，我把它叫作禁忌地图。这个禁忌地图是要配合之前的偏爱地图一起使用的。只有当两幅地图同时使用的时候，才有可能做到真正意义上的万无一失。

聊得来还不够，一起奋斗才有效

一段关系的开启和建立，离不开聊天技巧。只有掌握了高超的聊天技巧，这个过程才能更加轻松和顺遂。但是这段关系能不能变成可变现的优质社交资源，这考验的就不只是聊天的功力了。因为聊天其实就是闲聊，更侧重情感的交流，而不太注重观点的统一。更多时候我们为了情感上的认同，还会有意回避观点上的矛盾。我们见过很多所谓的好朋友，平时呼朋唤友喝茶聊天时热闹得很，但是一说要一起做点正经事，就开始谈不拢了。一开始大家碍于面子都不好意思把分歧放在明面上说，但是时间长了，冷静分手都变成了非常奢侈的事情。当矛盾爆发的时候，双方都觉得自己很委屈，都在抱怨人心难测，都怪自己当初没看清楚。其实这还不都是情商低惹的祸吗？他们之间那种"相见恨晚"的感觉，其实是建立在闲聊基础上的。这不是说他们这种感觉是一种错觉，而是闲聊本身就只是负责制造感觉的。而一段关系要想"变现"，绝不能只靠闲聊，还得经受住沟通的考验。相互之间能够针对某一个问题进行深入沟通的话，他们之间的关系才有"变现"的可能。不然，这份关系就只能定义在熟人或者认识的阶段，绝对不能作为你的优质人脉。

我一直都很看重高情商的"变现"能力，不太提倡你为了这些只能闲聊的关系耗费过多的时间和精力。所以我要跟你说，如果有一段关系放在你面前，你们有了几次相谈甚欢的接触之后，应该在适当的时候把闲聊升级为沟通，沟通会让你们的关系更有价值。以下是把闲聊升级为沟通时你要注意的地方。

1. 找准时机

要想把一段关系锻造成你的优质人脉资源，这个从闲聊到沟通的过程是绝对避不开的，但是开始的时机非常重要。怎么判断这个时机呢？这得看你对对方的了解有多少。这个"了解"并不是说你对对方个人信息的了解，而是对对方"三观"和脾性的了解。三个标准：经得起分歧的情感基础；对对方潜台词的判断；"三观"和脾性的兼容性。尤其是最后一个标准，你们的"三观"和脾性的兼容性越高，你们之间关系成功升级的可能性就越大。当你觉得你们之间已经建立了足够的好感，对双方的表达方式已非常了解时，那这个时机就是合适的。

请注意，我说的是兼容性而不是重合度，很多人都会本能地把同一种性格误以为是兼容性，这是一种误区。

2. 锚定一个主题

跟闲聊中随意转场不一样，深度的沟通需要先锚定一个主题。然后在这个封闭的对话环境中针对这个主题展开深入交流，交流时观点和见解会有不同在所难免。面对分歧，别急着转换话题，要直接展开对话。努力听明白对方所要表达的真实观点，也尽量向对方阐述清楚你的意思。总之，面对问题不要回避，要学会倾听和表达。

3. 确定一个目标

锚定了一个主题，我们就等于给沟通划定了一个范围，这是一个封闭性的对话环境。有了这个环境，沟通就不会像闲聊那么随意和散漫了。对话深入到什么程度才算是深入的沟通呢？这得需要一个标准。不然，没有一点限制的深入讨论，不但不能给我们带来好处，还很有可能让沟通的双方越来越情绪化，从而激化双方的矛盾。这个标准就是双方确定的一个共同目标。在锚定一个主题的时候，你就要考虑关于这个主题你想要寻求一个什么样的结果。比如达成一个什么样的共识，或者要制订一个什么样的方案。只要是达到了预期的目标，就算是一次成功的沟通。你们就可以顺势再闲聊点别的，用来消除在沟通的过程中所带来的些微不快。你需要明白的一个事实就是**闲聊是很有价值的，它的价值在于可以增进双方的感情，侧重的是感觉。所以在感觉不太融洽的时候，你大可以转换话题，或者表示一下认同，因为聊天本来就没有特定的目标。沟通也是很有价值的，它的价值在于能解决实际问题，或者是就某个议题达成共识，或者是为某个问题找出解决方案。在这个过程中会更看重观点的分析和问题的解决情况。**所以，当你们之间进行了一场深度沟通之后，请别忘了再闲聊一会儿。这样会让大家感觉更好一些。

4. 模拟演练，随时喊停

虽然，从意愿的角度来讲，我们很希望每一个相谈甚欢的人都能变成并肩奋斗的人，但是有一个比较遗憾的事实就是，有些人是可以与之并肩奋斗的，有些人注定只能聊聊天而已。原因就是他们之间的兼容性不够。但是即使是只能够聊天的人也是一种人脉资源，起码还能在消息上互通有无。如果不能成功升级为能够深入沟通的优质人脉，也要保持开心聊天的状态。所以，在把闲聊升级为沟通的时候，我们要尽可能地小心谨慎。我的建议是：模拟一个话题进行演练，随时做好按下暂停键的准备。

先说模拟一个话题进行演练。其实这是大家都不愿意做的事，我们有一个常识性的认知：交情深浅事上见，平时没事不要找不痛快。这话本来没错，不过有一个不好的地方就是，一旦要事上见的时候，就变成了非 A 即 B 的死局。事情成了大家还是好朋友；事情不成那多半连朋友都没得做了。这样做的破坏性太大，我们不能这样，那就得先找点不痛快——提前模拟一个话题进行沟通演练。

模拟沟通演练的目标是在演练的过程中检查双方的兼容性，好处是这个需要深入沟通的话题只是模拟的，并不是非解决不可的问题。如果实在不能达成一致，随时都可以按下暂停键。所以，如果你想要进行一次演练，最好做好随时暂停的准备。比如你们两家准备一起自驾游，这个事情看起来很简单，但是如果兼容性不够的话，很难得出一个双方都满意的方案。在这个过程中有两点是你必须做到的：**第一，遇到分歧的时候要充分考虑自己的意愿和需求，不要轻易做出让步。同时也跟对方讲清楚你想要一个大家都开心的旅程，一定要想什么就说什么。第二，随时留心观察，你们当中哪些问题是解决了的，哪些分歧是没办法达成一致的。如果真遇到没办法达成一致的问题，那就及时按下暂停键，别让这种尝试影响到交情。**

这就是如何通过深入沟通升级社交资源的全部内容。我们先了解到能够变现的优质社交资源，光靠闲聊是不能"变现"的，必须深入沟通。要注意把闲聊升级为深入沟通的四个要点：**找准时机；锚定一个主题；确定一个目标；模拟演练，随时喊停。**

第五节 05

沟通错题本，复盘让沟通持续精进

作为一个奋斗者你肯定听说过美国畅销书作家丹尼尔·科伊尔的《一万小时天才理论》，最起码你应该听过这本书提出来的"一万小时理论"。"一万小时理论"说的其实是"刻意练习"的力量。"一万小时理论"指不管在任何领域，要成为大师和专家，一般都需要十年时间的刻意训练，而十年间的有效工作时间大概就是一万个小时。"一万小时理论"一经提出马上就收获了大量支持者。但是很快就有人提出了质疑，质疑者的依据就是：既然说经过一万个小时的刻苦训练就能成为一个领域内的专家大师，那为什么还有那么多的人练书法练了一辈子，水平却依旧只能跟爱好者不相上下呢？为什么有些人做了一辈子的技工，到老却还是个工人呢？

没错，这些质疑者所说的例子司空见惯。不管是在哪个领域，努力了十年以上的人不计其数，但是能成为专家和大师的并不太多。这是为什么呢？难道真的就像那些质疑者所说的，"一万小时定律"就是一个彻头彻尾的骗局？未必如此。在这些例子中，质疑者所看到的只是这些人刻意练习的时间，并未关注他们刻意练习的方法。如果刻意练习少了正确方法，那就变成了一种简单的机械重复，这种简单的重复除了会养成一些下意识的动作和反应之外，很难再获得其他方面的进益，提升的速度非常慢。这就是为什么很多人用一年就达到了别人十年的高度，而有人努力了十年却进步不大的原因。

在高情商修炼这条路上，我希望每个人都能以一年顶十年的速度提升。所以我不仅告诉你方法论，还告诉你能够收获十倍速提升的实践方法和工具。接下来我会教你刻意练习的方法——复盘。我曾经提出过"张萌萌姐学习五环法"，其中复盘是关键的一步。我是个复盘控，我不仅自己复盘，还要求我的学生们坚持复盘。不仅要每天复盘，还要进行年终总的复盘。我还专门开设了《年终复盘课》，举办了年终复盘大赛。为了让你的复盘更加高效，我还会再告诉你一些辅助复盘的工具：《总结笔记》《人生错题本》和《赢效率手册》等。

复盘的说法最早出现在围棋领域。每到一局终结之时，有心之人都会把整个过程复演一次，借以在这个过程中发现自己的得失。后来复盘就成了大家公认的提高棋术的重要方法。再后来，这种方法就被引入企业管理中，现在我再把复盘引入我们的高情商修炼中来。建议你每经过一次实践后，都要进行一次复盘。看看你在这个过程当中哪些地方做得比较好，哪些地方出现了失误。为了让你能够更好地复盘，下列一些关键，以供参考。

1. 没有例外，没有局外人

很多刚刚学习做复盘的人，都会凭借自己的感觉进行选择性复盘。什么是选择性复盘？就是只对那些觉得不太理想的案例进行复盘，而对于那些自我感觉还可以的实践活动，就觉得自己做得不错，就不再复盘了。其实，这种想法是不对的。我们现在还没拥有无可挑剔的实力，就算你真的有这样的实力，那么在盘点中分析一下他人的得失，然后"择其善者而从之，其不善者而改之"也是一件非常有意义的事情。所以，**复盘的第一个要点就是，没有例外之事，也没有例外之人。所有的实践经历，不管自我感觉如何都要进行复盘。所有参与交谈的对象，全都在复盘的范围之内，人和事皆无例外。**

2. 及时，直观

我们的高情商修炼实践不太可能边实践边记录，所以复盘工作就需要凭借自己的记忆尽可能地去还原当时的情境。所以，要想复盘工作做得好就得讲究及时性。如果等事情过去了三五天才想起要做复盘工作，估计连当时你们聊了些什么都记不得了。不过，马上就进行复盘工作有时也是不太现实的，有一个比较实用的方法，就是在结束一场交流活动以后，先在大脑中进行回放。在没有别人打扰的情况下，你只需要两三分钟的时间就可以完成。然后把重要的事情记录下来，如果记忆力不错那就记在心里。如果不放心的话，拿起你的手机，记录在备忘录里。等到条件允许的时候再把尽可能多的细节进行复盘，把对错得失以图表的形式记录下来。这是复盘工作的第二个要点：**抢占第一时间，抓住重要的信息；以图表记录复盘细节，力求直观明了。**

3. 找出解决的方法

通过复盘我们能够发现自身的不足，但是要想让自己以十倍的速度提升，光发现自己的不足是远远不够的。我们不仅要找出自己的不足，把这些不足的地方一一记录下来，还要静下心来想一想为什么会出现这样的失误，然后再制订出解决方案。这就是复盘工作的第三个要点：为所有的失误都找出解决方案，从别人身上发现值得你去学习和借鉴的优点。

4. 精准把控

当你的复盘工作进行一段时间之后，你发现了一些自己的不足，同时也制订了解决方案，那么接下来你就该开启十倍速精进之旅了。在进行复盘的时候，不要只关注有没有达到预期的目标，还要把这次的表现跟上一次的进行比较。看看你比之前有了哪些进步，看看之前制订的那些解决问题的方案，这次有没有执行到位。已解决的问题，就打个钩，给自己一点奖励。只有这样，你才能一次比一次优秀，而且还能精准把控自己精进的每一个细节。这就是复盘的第四个要点：**时时对照，精准把控，把你的精进和迭代做到精准化、可视化。**

　　上面就是有效复盘的四个要点，不过这只是一个方法论。你还需要一项复盘工具，来让你的复盘更加高效。这就是我要求学生人手一册的《人生错题本》。下面这张图就是我的人生错题本，是我的《人生效率手册》当中非常重要的一部分。后面是具体用法。

《人生错题本》具体使用方法请扫码观看萌姐录制的视频。

　　首先说最上面的"我的错题"，这部分需要填写的是在复盘的过程中发现的失误和不足之处。然后就是下面左侧的部分，这里有日期和来源。你需要把这个错误出现的日期和具体场景写在这里，

我的错题：我抗击甲状腺疾病的反思	蒲姐示例

Date: 2016年9月

来源: 自身的经历
抗击甲状腺疾病的故事

重要程度: ★ ★ ★ ★ ★

掌握程度: ■ ■ ■ ■ ◨

所属知识点: 人生效率体系之
自我管理中的健康管理部分

原题|错解

原题：由于创业忙碌，生活不规律，导致甲状腺结节

错解：切除甲状腺

正解

制定150天自我康复计划

1.足够的运动加速新陈代谢

2.每天摄入食物按照碳水化合物、
蛋白质与脂肪配比，来完成自我康复

3.每天摄入适量的维生素

4.做到情绪管理完成自我疗愈

原因分析

1.因为忙，每顿饭吃外卖

2.因为忙，每天晚睡

3.因为忙，不做运动

因为忙，成为不去做很多事的借口

人生效率体系

时间管理

以人为师计划
阅读
培训班/行业会议
行走的力量

知识管理（输入） → 自我管理 → 思维管理（输出）

写作
实践
演说

目标管理　效率管理　精力管理 → 充足体能　正确休息　情绪账户
→ 意志力　反复铭刻术　精力蓝图

设立　分解

下面还有重要程度和掌握程度。再下面的部分则是这个错误所属的知识点，是表达技巧不对，还是在认知上出了问题，都需要在这里写清楚。然后就是右侧从上到下的三个部分：原题／错解、正解和原因分析。原题自然就是对错误本身的描述。正解指的则是解决的方案和正确做法的描述。原因分析自然就是出现这些错误的更深层次的原因。这就是《人生错题本》的全部内容，在这里我需要给它一个新的名字，"高情商修炼错题本"，需要提醒你注意的是重要程度和掌握程度这两项，重要程度需要你在复盘后填写，而掌握程度需要你在下一次复盘完成后，通过前后两次的表现对比来填写。这样你就能清楚地看到自己到底进步了多少，直到你完全掌握为止。